军情视点 编

空军武器大百科

第二版

化学工业出版社
·北京·

本书详细介绍了自空军诞生以来所使用的各种武器，主要包括战斗机、截击机、攻击机、战斗轰炸机、轰炸机、直升机、无人机和导弹等，对每种武器都简明扼要地介绍了制造厂商、服役时间、生产数量、使用国家、主体构造、作战性能及实战表现等知识。此外，还加入了不少与之相关的趣闻，以增强阅读的趣味性。通过阅读本书，读者可对世界各国的空军武器有一个全面和系统的认识。

本书不仅是一本空军武器鉴赏指南，更是一册空军武器的百科全书，既适合青少年朋友作为科普读物，也可以作为资深军事爱好者的参考资料。

图书在版编目(CIP)数据

空军武器大百科/军情视点编. —2版. —北京：化学工业出版社，2017.6（2024.1重印）
（军事百科典藏书系）
ISBN 978-7-122-29603-0

Ⅰ．①空… Ⅱ．①军… Ⅲ．①空军－武器装备－普及读物
Ⅳ．①E926-49

中国版本图书馆CIP数据核字（2017）第096196号

责任编辑：徐　娟　　　　　　　　　　装帧设计：卢琴辉
　　　　　　　　　　　　　　　　　　　封面设计：刘丽华

出版发行：化学工业出版社（北京市东城区青年湖南街13号　邮政编码100011）
印　　装：中煤（北京）印务有限公司
710mm×1000mm　1/12　印张19　字数350千字　2024年1月北京第2版第11次印刷

购书咨询：010-64518888　　　　　　　　售后服务：010-64518899
网　　址：http://www.cip.com.cn
凡购买本书，如有缺损质量问题，本社销售中心负责调换。

定　　价：69.80元　　　　　　　　　　　　　　　　　版权所有　违者必究

前言

在现代化三军中，空军是诞生最晚的军种，但无疑是发展最快的军种。空军萌芽于20世纪初，在第二次世界大战时期开始成为战争中的重要力量。第二次世界大战作为一场空前规模的世界性战争，不仅以航空兵空袭开始，而且以航空兵核空袭而结束。这绝不是偶然的，它标志着空中力量在第二次世界大战中已经开始脱离陆海军的附属地位，并在一定程度上左右了战役乃至战争的进程和结局。英美对第二次世界大战中的战略轰炸进行调查后表示，"在西欧的战争中，盟国的空中力量是决定性的力量"。

第二次世界大战后，空军获得飞速的发展，并在一些局部战争中发挥了重大作用。据统计，在战后190多场局部战争和武装冲突中，有空军参战的占90%。空军的大量投入、首先使用甚至是单独使用，对局部战争的进程和结局产生了显著的影响。如果说第二次世界大战期间，空军的作用还主要表现在保证和配合陆海军作战行动上，而在战后，特别是20世纪80年代发生的局部战争中，空军则独立承担了许多对战争胜负有决定影响的战略战役任务。

20世纪是空中力量从诞生走向成熟的世纪，而21世纪可能是空天力量主宰战争的世纪。目前，世界各军事强国都把航空武器装备的发展摆在突出的位置。科学技术成果的广泛运用，将使空军武器弹药更加先进。本书第一版于2015年推出，书中对第二次世界大战以来世界各国空军所使用的各种武器进行了详细介绍，包括战斗机、截击机、攻击机、战斗轰炸机、轰炸机、直升机、无人机和导弹等。由于内容全面、图文并茂、印刷精美，本书在市场上产生了一定的积极影响。目前军事科技发展日新月异，各国都研发和入役了不少新式空军武器，而现役空军武器也有了新的变化。为了更好地为读者呈现最新的兵器知识，我们决定在第一版的基础上，虚心接受读者提出的意见和建议，推出内容更新更全、图片更多更精美的第二版。

与第一版相比，第二版删除了部分老旧的战机，添加了不少新近研制的空战武器，读者可以更全面地了解空军武器。与此同时，我们还对第一版的文字和图片进行了完善，更新、修正了一些战机的部署信息和参数，替换了部分效果不佳的图片，进一步增强了图书的观赏性和收藏性。通过阅读本书，读者可对世界各国的空军武器有一个全面和系统的认识。

本书的相关数据资料来源于国外知名军事媒体和军工企业官方网站等权威途径，坚决杜绝抄袭拼凑和粗制滥造。在确保准确性的同时，我们还着力增加趣味性和观赏性，尽量做到将复杂的理论知识用最简明的语言加以说明，并添加了大量精美的图片。本书不仅是一本军事科普图书，更是一册空军武器装备大百科。

参加本书编写的有丁念阳、黎勇、王安红、邹鲜、李庆、王楷、黄萍、蓝兵、吴璐、阳晓瑜、余凑巧、余快、任梅、樊凡、卢强、席国忠、席学琼、程小凤、徐洪斌、刘健、王勇、黎绍美、刘冬梅、彭光华、邓清梅、何大军、蒋敏、雷洪利、李明连、汪顺敏、夏方平、甘民春、高丽秋、高晓琴、何君建、何鑫、康侨、黎云华、李坤怀、林兰、杨淼淼、祝如林、杨晓峰、张明芳、易小妹等。在编写过程中，国内多位军事专家对全书内容进行了严格的筛选和审校，使本书更具专业性和权威性，在此一并表示感谢。

由于时间仓促，加之军事资料来源的局限性，书中难免存在疏漏之处，敬请广大读者批评指正。

编　者
2017年2月

目 录 CONTENTS

第1章 蓝天斗士——空军漫谈 / 001

空军简介 / 002　　　　　　　　　空军的作战使命 / 003　　　　　　　　空军的编制和装备 / 003

第2章 制空主力——战斗机 / 截击机 / 005

美国 P-38 "闪电" 战斗机 / 006　　　　法国 "超神秘" 战斗机 / 030　　　　俄罗斯 Su-47 "小木桶" 战斗机 / 054
美国 P-51 "野马" 战斗机 / 007　　　　法国 "幻影" Ⅲ 战斗机 / 031　　　　俄罗斯 Su-57 战斗机 / 055
美国 P-61 "黑寡妇" 战斗机 / 008　　　法国 "幻影" F1 战斗机 / 032　　　　德国福克 D.Ⅶ 战斗机 / 056
美国 F-4 "鬼怪" Ⅱ 战斗机 / 009　　　法国 "幻影" 2000 战斗机 / 033　　　德国 Bf 110 战斗机 / 057
美国 F-5 "自由斗士" 战斗机 / 010　　法国 "幻影" 4000 战斗机 / 034　　　德国 Fw 190 战斗机 / 058
美国 F-14 "雄猫" 战斗机 / 011　　　　法国 "阵风" 战斗机 / 035　　　　　德国 Ta 152 战斗机 / 059
美国 F-15 "鹰" 式战斗机 / 012　　　　苏联 La-7 战斗机 / 036　　　　　　欧洲 "狂风" 战斗机 / 060
美国 F-16 "战隼" 战斗机 / 014　　　　苏联 Yak-3 战斗机 / 037　　　　　　欧洲 "台风" 战斗机 / 061
美国 F/A-18 "大黄蜂" 战斗 / 攻击机 / 015　苏联 Yak-9 战斗机 / 038　　　　　瑞典 SAAB 29 "圆桶" 战斗机 / 062
美国 F-22 "猛禽" 战斗机 / 016　　　　苏联 Yak-15 战斗机 / 039　　　　　瑞典 SAAB 35 "龙" 式战斗机 / 063
美国 F-35 "闪电" Ⅱ 战斗机 / 017　　　苏联 MiG-9 战斗机 / 040　　　　　　瑞典 JAS 39 "鹰狮" 战斗机 / 064
美国 F-84 "雷电" 喷气战斗机 / 018　　苏联 MiG-15 "柴捆" 战斗机 / 041　　南非 "猎豹" 战斗机 / 065
美国 F-86 "佩刀" 战斗机 / 019　　　　苏联 MiG-17 "壁画" 战斗机 / 042　　以色列 "幼狮" 战斗机 / 066
美国 F-100 "超佩刀" 战斗机 / 020　　苏联 MiG-19 "农夫" 战斗机 / 043　　加拿大 CF-100 "加拿大人" 截击机 / 067
美国 F-101 "巫毒" 战斗机 / 021　　　苏联 MiG-21 "鱼窝" 战斗机 / 044　　意大利 G.91 战斗机 / 068
美国 F-102 "三角剑" 截击机 / 022　　苏联 MiG-23 "鞭挞者" 战斗机 / 045　埃及 HA-300 战斗机 / 069
美国 F-104 "星战" 战斗机 / 023　　　苏联 MiG-25 "狐蝠" 截击机 / 046　　日本 Ki-43 "隼" 式战斗机 / 069
英国 "喷火" 战斗机 / 024　　　　　　苏联 MiG-29 "支点" 战斗机 / 047　　日本 Ki-84 "疾风" 战斗机 / 070
英国 "毒液" 战斗机 / 025　　　　　　苏联 / 俄罗斯 MiG-31 "捕狐犬" 截击机 / 048　日本 F-1 战斗机 / 071
英国 "猎人" 战斗机 / 026　　　　　　俄罗斯 MiG-35 "支点" F 战斗机 / 049　日本 F-2 战斗机 / 072
英国 "标枪" 战斗机 / 027　　　　　　苏联 / 俄罗斯 Su-15 "细嘴瓶" 截击机 / 050　印度 "无敌" 战斗机 / 072
英国 "蚊蚋" 战斗机 / 027　　　　　　苏联 / 俄罗斯 Su-27 "侧卫" 战斗机 / 051　印度 "光辉" 战斗机 / 073
英国 "闪电" 战斗机 / 028　　　　　　苏联 / 俄罗斯 Su-30 "侧卫" C 战斗机 / 052
法国 "神秘" 战斗机 / 029　　　　　　俄罗斯 Su-35 "侧卫" E 战斗机 / 053

第3章　火力支援——空军攻击机 / 战斗轰炸机 / 075

- 美国 A-7 "海盗" Ⅱ 攻击机 / 076
- 美国 A-4 "天鹰" 攻击机 / 078
- 美国 A-10 "雷电" Ⅱ 攻击机 / 079
- 美国 A-37 "蜻蜓" 攻击机 / 080
- 美国 AC-47 "幽灵" 攻击机 / 081
- 美国 AC-119 攻击机 / 082
- 美国 AC-130 攻击机 / 083
- 美国 F-117 "夜鹰" 攻击机 / 084
- 美国 P-47 "雷电" 战斗轰炸机 / 085
- 美国 F-105 "雷公" 战斗轰炸机 / 086
- 美国 F-111 "土豚" 战斗轰炸机 / 087
- 英国 "掠夺者" 攻击机 / 088
- 英国 / 法国 "美洲豹" 攻击机 / 089
- 法国 "超军旗" 攻击机 / 090
- 法国 "幻影" Ⅴ 战斗轰炸机 / 091
- 苏联 Su-7 "装配匠" A 战斗轰炸机 / 092
- 苏联 / 俄罗斯 Su-17 "装配匠" 攻击机 / 093
- 苏联 / 俄罗斯 Su-24 "击剑手" 攻击机 / 094
- 苏联 / 俄罗斯 Su-25 "蛙足" 攻击机 / 095
- 苏联 / 俄罗斯 Su-34 "后卫" 战斗轰炸机 / 096
- 德国 / 法国 "阿尔法喷气" 教练 / 攻击机 / 097
- 意大利 MB-339 教练 / 攻击机 / 098
- 意大利 / 巴西 AMX 攻击机 / 099
- 瑞典 SAAB 32 "矛" 式攻击机 / 100
- 瑞典 SAAB 37 "雷" 式战斗机 / 101
- 阿根廷 IA-63 "彭巴" 教练 / 102
- 捷克 L-159 ALCA 教练 / 攻击机 / 103
- 韩国 FA-50 攻击机 / 105

第4章　空中堡垒——轰炸机 / 107

- 美国 B-17 "空中堡垒" 轰炸机 / 108
- 美国 B-24 "解放者" 轰炸机 / 109
- 美国 B-25 "米切尔" 轰炸机 / 110
- 美国 B-29 "超级堡垒" 轰炸机 / 111
- 美国 B-47 "同温层喷气" 轰炸机 / 112
- 美国 B-52 "同温层堡垒" 轰炸机 / 113
- 美国 B-1 "枪骑兵" 轰炸机 / 114
- 美国 B-2 "幽灵" 轰炸机 / 115
- 美国 B-21 轰炸机 / 116
- 英国 "蚊" 式轰炸机 / 117
- 英国 "兰开斯特" 轰炸机 / 118
- 英国 "堪培拉" 轰炸机 / 119
- 英国 "火神" 轰炸机 / 120
- 英国 "勇士" 轰炸机 / 121
- 英国 "胜利者" 轰炸机 / 121
- 法国 "幻影" Ⅳ 轰炸机 / 122
- 苏联 Tu-2 轰炸机 / 123
- 苏联 / 俄罗斯 Tu-95 "熊" 轰炸机 / 124
- 苏联 / 俄罗斯 Yak-28 轰炸机 / 125
- 苏联 / 俄罗斯 Tu-22M "逆火" 轰炸机 / 126
- 苏联 / 俄罗斯 Tu-160 "海盗旗" 轰炸机 / 127
- 德国 Ju 87 轰炸机 / 128
- 德国 Ju 88 轰炸机 / 129

第5章　后起之秀——直升机 / 无人机 / 131

- 美国 UH-1 "伊洛魁" 直升机 / 132
- 美国 CH-53 "海上种马" 直升机 / 133
- 美国 UH-60 "黑鹰" 直升机 / 134
- 美国 V-22 "鱼鹰" 倾转旋翼机 / 135
- 苏联 / 俄罗斯 Mi-8 "河马" 直升机 / 136
- 苏联 / 俄罗斯 Mi-24 "雌鹿" 直升机 / 137
- 苏联 / 俄罗斯 Mi-26 "光环" 直升机 / 138
- 苏联 / 俄罗斯 Mi-28 "浩劫" 直升机 / 139
- 苏联 / 俄罗斯 Ka-50 "黑鲨" 直升机 / 140
- 苏联 / 俄罗斯 Ka-52 "短吻鳄" 直升机 / 141
- 苏联 / 俄罗斯 Ka-60 "逆戟鲸" 直升机 / 142
- 欧洲 EH 101 "灰背隼" 直升机 / 143
- 法国 AS 555 "小狐" 直升机 / 144
- 法国 SA 341/342 "小羚羊" 直升机 / 145
- 法国 SA 316/319 "云雀" Ⅲ 直升机 / 146
- 法国 SA 321 "超黄蜂" 直升机 / 147
- 法国 SA 330 "美洲豹" 直升机 / 148
- 法国 SA 360/361/365 "海豚" 直升机 / 149
- 德国 BO 105 直升机 / 150
- 印度 LCH 直升机 / 151
- 南非 CSH-2 "石茶隼" 直升机 / 152
- 美国 MQ-1 "捕食者" 无人机 / 153
- 美国 RQ-4 "全球鹰" 无人机 / 154
- 美国 MQ-9 "收割者" 无人机 / 155
- 美国 RQ-11 "大乌鸦" 无人机 / 156
- 美国 RQ-170 "哨兵" 无人机 / 157
- 美国 X-37B 无人机 / 157
- 美国 "复仇者" 无人机 / 158
- 以色列 "侦察兵" 无人机 / 159
- 以色列 "搜索者" 无人机 / 159
- 以色列 "哈比" 无人机 / 160
- 以色列 "苍鹭" 无人机 / 161

第 6 章　致命威慑——空军导弹与炸弹 / 163

- 美国 AIM-7 "麻雀" 空对空导弹 / 164
- 美国 AIM-9 "响尾蛇" 空对空导弹 / 165
- 美国 AGM-12 "犊牛犬" 空对地导弹 / 165
- 美国 AGM-28 "大猎犬" 巡航导弹 / 166
- 美国 AIM-54 "不死鸟" 空对空导弹 / 167
- 美国 AGM-65 "小牛" 空对地导弹 / 168
- 美国 AGM-78 "标准" 反辐射导弹 / 169
- 美国 AGM-84 "鱼叉" 反舰导弹 / 169
- 美国 AGM-88 "哈姆" 反辐射导弹 / 170
- 美国 AGM-114 "地狱火" 空对地导弹 / 171
- 美国 AIM-120 "监狱" 空对空导弹 / 172
- 美国 AIM-4 "猎鹰" 空对空导弹 / 173
- 美国 AGM-130 空对地导弹 / 174
- 美国 AGM-86 巡航导弹 / 175
- 美国 AGM-158 联合空对地防区外导弹 / 176
- 美国 AGM-154 联合防区外武器 / 177
- 美国 GBU-15 激光制导炸弹 / 178
- 美国 "铺路" 激光制导炸弹 / 179
- 美国 GBU-39 小直径炸弹 / 180
- 美国 GBU-43/B 大型空爆炸弹 / 181
- 美国 Mk 20 "石眼" II 型集束炸弹 / 182
- 美国 Mk 80 系列低阻力通用炸弹 / 183
- 美国联合直接攻击弹药 / 184
- 美国 B61 核弹 / 185
- 美国/挪威 AGM-119 "企鹅" 反舰导弹 / 186
- 英国 "天闪" 空对空导弹 / 186
- 英国 BL-755 集束炸弹 / 187
- 以色列 "怪蛇" 4 型空对空导弹 / 188
- 以色列 "怪蛇" 5 型空对空导弹 / 189
- 法国 R550 "魔术" 空对空导弹 / 190
- 法国 R530 空对空导弹 / 191
- 法国 "米卡" 空对空导弹 / 192
- 欧洲 AIM-132 "阿斯拉姆" 空对空导弹 / 193
- 欧洲 "流星" 空对空导弹 / 194
- 苏联 R-13 空对空导弹 / 195
- 苏联/俄罗斯 R-33 空对空导弹 / 196
- 苏联/俄罗斯 R-27 空对空导弹 / 196
- 苏联/俄罗斯 R-37 空对空导弹 / 197
- 苏联/俄罗斯 R-40 空对空导弹 / 198
- 苏联/俄罗斯 R-60 空对空导弹 / 199
- 苏联/俄罗斯 R-73 空对空导弹 / 199
- 苏联/俄罗斯 R-77 空对空导弹 / 200
- 苏联/俄罗斯 KAB-500L 制导炸弹 / 200
- 苏联/俄罗斯 KAB-500KR 制导炸弹 / 201

第 7 章　战力保障——作战支援飞机　203

- 美国 C-130 "大力神" 运输机 / 204
- 美国 C-141 "运输星" 运输机 / 205
- 美国 C-5 "银河" 运输机 / 206
- 美国 C-17 "环球空中霸王" III 运输机 / 208
- 美国 KC-10 "延伸者" 空中加油机 / 209
- 美国 E-3 "望楼" 预警机 / 210
- 美国 E-4 "守夜者" 空中指挥机 / 211
- 美国 U-2 "蛟龙夫人" 侦察机 / 212
- 美国 E-8 "联合星" 战场监视机 / 213
- 美国 SR-71 "黑鸟" 侦察机 / 214
- 苏联/乌克兰安-124 "秃鹰" 运输机 / 215
- 苏联/俄罗斯伊尔-78 "大富翁" 空中加油机 / 216
- 苏联/俄罗斯伊尔-20 "黑鸦" 电子战飞机 / 217
- 欧洲 A310 MRTT 空中加油机 / 218
- 欧洲 A330 MRTT 加油运输机 / 219
- 日本 E-767 预警机 / 220
- 以色列 "费尔康" 预警机 / 221

参考文献 / 222

第1章 蓝天斗士——空军漫谈

与历史悠久的陆军和海军相比,空军是非常年轻的军种,距今不过100余年的历史。然而,空军作为后起之秀在现代战争中的地位并不逊于陆军和海军,其发展势头甚至比后两者更为强劲。本章主要介绍空军的定义、组建历史、作战使命、编制和装备等内容。

空军简介

空军是以航空兵为主体，进行空中斗争、空对地斗争和地对空斗争的军种，通常可分为航空兵、地面防空兵、雷达兵和空降兵等兵种。空军具有远程作战、高速机动和猛烈突击的能力，既能协同陆军、海军作战，又能独立作战。

莱特兄弟测试自制的飞机

英国皇家空军在成立90周年之际进行飞行表演

美国空军新兵宣誓入伍

二战中盟军轰炸机轰炸德国本土

在海军、陆军和空军三大现代化军种里，空军是成立最晚的一支。这一军种的出现，与飞机的问世密不可分。1903年12月17日，美国莱特兄弟制造出世界上第一架真正意义上的飞机，一个崭新的时代自此开始。1911年，意大利就在与土耳其的战争中，在利比亚首次将飞机运用在侦察任务上。依据战争中使用飞机的经验，意大利陆军军官朱里奥·杜黑（Giulio Douhet）认为飞机将会在军事上占有重要的地位，它将独立于陆军与海军之外，成为第三支武装力量。

朱里奥·杜黑系统地提出了制空权理论，对两次世界大战期间各国的空军建设，尤其对轰炸机的发展有重要的影响。第一次世界大战（以下简称一战）时，飞机从最初的侦察用途，演化出以飞机投掷炸弹攻击地面敌军的轰炸任务，而为了阻止敌方飞机，飞机上也装设了能攻击敌军飞机的机枪等武器。1918年，英国成立了世界上第一支独立的空军，而其他国家也陆续建立了独立的空军或性质相同的陆军航空队。

到了第二次世界大战（以下简称二战），飞机开始成为战场上的主角。由于在一战中后期飞机的战略作用被各个国家所认识，到二战开始时，军用飞机已经得到了很好的发展，各种不同作战用途的战机纷纷应运而生。与此同时，各国空军的建设也已颇具成效。

在空军诞生后相当长的时期里，主要任务都是支援陆军、海军作战。随着装备技术水平、战争形态和作战样式的演变，现代空军不仅能与其他军种实施联合作战，还能独立遂行战役、战略任务，对战争的进程和结局产生重大影响，在现代战争中具有重要的地位和作用。

空军的作战使命

虽然各个国家空军的规模和编制各有不同，但作战使命大致一样，即协助及配合地面部队攻势及行动。在常规战争中，空军通常会派遣侦察机进行侦察，了解敌方基本情况后，可使用轰炸机摧毁敌方主要防空设施、电力设施以及军事基地等重要目标。地面部队发起进攻后，空军可派遣攻击机提供火力支援。与此同时，以战斗机击退敌方航空部队、取得制空权也是非常重要的一环。在和平时期，空军通常执行空域的巡逻、重要航空器的护航、各种影像及电子情报的搜集等任务，必要时也协助救灾。某些情况下，空军也会对恐怖分子等进行威慑及攻击。

海湾战争中的美国空军F-15战斗机

空军的编制和装备

空军通常包括战斗机部队、攻击机部队、轰炸机部队、侦察机队、支援机队、地勤部队、训练部队等。

战斗机部队担负制空任务，可以说是最为人所熟知的空军单位；攻击机部队的职责是精确打击，执行对地面的攻击与支援任务；轰炸机部队的职责是大规模毁灭性打击；侦察机队的职责是搜集情报；支援机队负责武器装备与人员的空中运输，部分守备范围大的空军还有空中加油机队对友机进行空中加油以延长飞机航程，另外还有救援直升机负责在飞机失事时对飞行员及空勤人员进行救援；地勤部队包括飞机整备修护的整备单位、与基地勤务相关的地面管制单位、文书单位，以及专责的通信部队、气象单位和情报单位等，另外还有保卫机场及设施的警卫部队与防空部队；训练部队包括专门训练飞行员的飞行训练部队，以及训练地勤人员或其他空勤人员等各种勤务的单位。

美国空军目前最先进的F-22战斗机

除上述单位外，一些国家也在空军下设置担负战略打击任务的陆基战略导弹部队，执行大范围的影像或电子情报搜集的战略侦察部队，以及执行特殊任务的特种部队。此外，某些国家也将空降部队编制在空军内。

空军主要在空中作战，因此空军的装备都是以飞机、导弹和炸弹为主，某些国家甚至配备了核武器。空军装备的飞机通常以用途分类，包括战斗机、截击机、攻击机、轰炸机、战斗轰炸机、运输机、加油机、预警机、侦察机、无人机、电子作战机等。另外，还有地面勤务所需要的各种支援车辆，如油罐车、电源车、气源车、拖曳车、导引车、无线电通信车等。空军飞机需要有机场才能起降与存放，而机场往往是敌方的攻击重点，所以需要配备相应的自卫武装，通常是高射炮、轻装作战车辆等。

美国空军B-1轰炸机及其携带的弹药

第2章 制空主力——战斗机/截击机

战斗机是空军进行空战,夺取空中优势(制空权)的主要武器,堪称空军安身立命的根本所在。战斗机还可携带一定数量的对地攻击武器,执行对地攻击任务。此外,20世纪60年代以前,战斗机还包括要地防空用的截击机。本章主要介绍一战以来世界各国研制的重要战斗机和截击机。

美国 P-38 "闪电" 战斗机

　　P-38 "闪电"（Lightning）战斗机是二战时期由美国洛克希德公司生产的一款双发战斗机，可执行多种任务，包括制空、远程拦截、护航、侦察、对地攻击、俯冲轰炸、水平轰炸等，是美国陆军航空队（美国空军前身）在二战期间的重要战斗机之一。

　　P-38 战斗机被日本飞行员称为"双身恶魔"，它拥有许多令日军闻风丧胆的优良特性，高速度、重装甲、火力强大，太平洋战场上众多的美军王牌飞行员均驾驶该机。P-38 战斗机的2具艾里逊 V-1710 发动机分别装设在机身两侧并连接至双尾衍，飞行员与武器系统则设置在中央的短机身里。该机的主要武器为 1 门西斯潘诺 M2(C) 20 毫米机炮（备弹 150 发）和 4 挺 12.7 毫米机枪（各备弹 500 发），另外还可搭载 4 具 M10 型 112 毫米火箭发射器或 10 枚 127 毫米高速空用火箭，也可换成 2 枚 908 千克炸弹或 4 枚 227 千克炸弹。

试飞的 P-38 "闪电" 战斗机现代仿制品

P-38 "闪电" 战斗机结构图

P-38 "闪电" 战斗机在高空飞行

基本参数

机身长度：11.53米	机身高度：3.91米	翼展：15.85米
最大起飞重量：9798千克	最大速度：667千米/小时	最大航程：2100千米

【战地花絮】

　　P-38 战斗机在美国航空科技史上具有划时代的重要意义，它拥有许多第一的纪录，包括：第一款采用前三点起落架设计的战斗机，第一种大量使用不锈钢材料的飞机，第一种在设计阶段就使用泪滴形座舱罩的战斗机，美国第一款量产的双尾衍战斗机等。

美国 P-51 "野马" 战斗机

P-51 "野马"（Mustang）战斗机是由美国北美航空公司研制的轻型战斗机，堪称美国陆军航空队在二战期间最有名的战斗机。该机是美国海军和陆军航空队所使用的单发战斗机中航程最长，对于欧洲与太平洋战区战略轰炸护航最重要的机种。

P-51 战斗机的机身设计简洁，标准翼厚比的主翼搭配层流翼剖面型，能在保证强度和翼内空间的前提下获得良好的低阻高速巡航特性，而五段式襟翼可缓解层流翼低速下升力不足与失速特性严峻的问题。随着战争的进行，P-51 战斗机也在不断改进，包括副翼与升降舵等，使低速和高速时都有良好的操控性。早期的 P-51 战斗机配备低空性能出色的艾里逊 V-1710 一级增压发动机，后因实战需要和美国陆军航空队第 8 航空军提出的护航需求，换装了梅林 V-1650 系列发动机，大大提升了空战性能。P-51 战斗机在不同型号中采用过不同的武器装备，如 P-51A、P-51B 和 P-51C 装有 4 挺 12.7 毫米机枪，P-51D 和 P-51H 则采用 6 挺 12.7 毫米机枪。

基本参数
- 机身长度：9.83 米
- 机身高度：4.08 米
- 翼展：11.28 米
- 最大起飞重量：5262 千克
- 最大速度：703 千米/小时
- 最大航程：2755 千米

P-51 "野马" 战斗机的现代仿制品

「衍生型号」

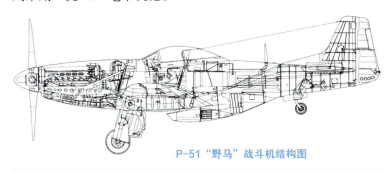

P-51 "野马" 战斗机结构图

P-51A
最初作为战斗机采用的型号，由对地攻击型的 A-36 改良而来。

P-51B
换装英制梅林发动机的改进型，在设计上为后续机型打下良好基础。

P-51C
座舱罩改用类似英国 "喷火" 战斗机的 "马尔寇" 气泡式座舱，其余与 P-51B 相同。

P-51D
采用泪滴形座舱罩且机身结构线条更加洗练，1944 年 5 月开始服役。

P-51H
最后一种进入量产的改良型，由于生产时间太迟，因此在二战期间没有实战纪录。

【战地花絮】

盟军轰炸机有了 P-51 战斗机的护航后，来自德国空军战斗机的威胁大幅减少，执行轰炸任务更加得心应手，进而给德国带来毁灭性的打击。德国空军司令赫尔曼·戈林在二战后接受访问时曾说："当我看到 P-51 在柏林上空时，我知道大势已去！"由于在二战中战功赫赫，美国探索频道曾在《军武科技排行榜——十大战机》节目中将 P-51 战斗机选为历史上十大战斗机第一名。

美国 P-61 "黑寡妇" 战斗机

P-61 "黑寡妇"（Black Widow）战斗机是美国诺斯洛普公司研制的双发动机夜间战斗机，它是美国陆军航空队唯一一架专门设计作为夜间战斗机的飞机，也是美国陆军航空队在二战时期起飞重量最大的战斗机。

P-61 战斗机的中央机舱分为机头雷达舱、驾驶舱（驾驶舱内还有一个坐在飞行员后上方的雷达员）和末端的射击员舱。动力装置为两台普惠 R-2800 发动机。P-61 战斗机在机身下突出部分装有 4 门 20 毫米机炮，一共备弹 600 发。顶部遥控操纵炮塔内装有 4 挺 12.7 毫米机枪，一共备弹 1600 发。机枪像机炮一样通常由飞行员向前射击，但射击员也能开锁、瞄准，在必要的时候进行防御射击。此外，该机的机翼下方最大可携带 2903 千克炸弹或火箭弹。

P-61 "黑寡妇" 战斗机侧面视角

P-61 "黑寡妇" 战斗机起飞

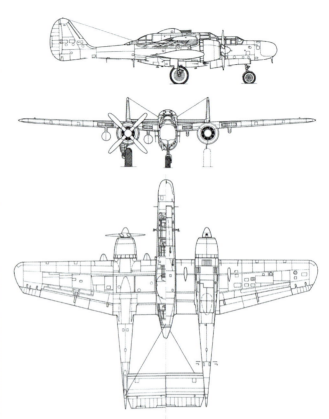

P-61 "黑寡妇" 战斗机结构图

P-61 "黑寡妇" 战斗机高空飞行

基本参数

机身长度：14.9米	机身高度：4.47米
翼展：20.2米	最大起飞重量：14700千克
最大速度：594千米/小时	最大航程：3060千米

【战地花絮】

由于设计复杂且计划耗费相当长的时间，当 P-61 战斗机在 1944 年进入太平洋战区服役时，盟军在欧洲和太平洋战场都已经取得制空权，使得 P-61 战斗机没有太多发挥的空间，取得的战果不如美国陆军航空队其他战斗机。

美国 F-4 "鬼怪" II 战斗机

F-4 "鬼怪"（Phantom）II 战斗机是由美国麦克唐纳公司研制的双发双座全天候战斗机，最初是为美国海军研制。由于受到当时美国国防部长期望海军、空军采用共通机体的压力，美国空军在 1961 年同意测试之后与美国海军陆战队和美国海军同时采用，成为美国少见的同时在海军、空军服役的战斗机。

F-4 战斗机是美国第二代战斗机的典型代表，各方面的性能都比较好，空战性能出色，对地攻击能力也较强。该机的缺点是大迎角机动性能欠佳，高空和超低空性能略差，起降时对跑道要求较高。F-4 战斗机装有 1 门 M61A1 六管加特林机炮，9 个外挂点的最大载弹量达 8480 千克，包括普通航空炸弹、集束炸弹、电视和激光制导炸弹、火箭弹、空对地导弹、反舰导弹等。该机的动力装置为 2 台通用电气 J79-GE-17A 涡轮喷气发动机，单台推力为 79.4 千牛。

基本参数
- 机身长度：19.2 米
- 机身高度：5 米
- 翼展：11.7 米
- 最大起飞重量：28030 千克
- 最大速度：2370 千米/小时
- 最大航程：2600 千米

【战地花絮】

F-4 战斗机是美国空军、海军在 20 世纪 60 年代和 70 年代的主力战斗机，曾参加越南战争和中东战争，也曾经是美国空军"雷鸟"飞行表演队的表演用机。

高度飞行的 F-4 "鬼怪" II 战斗机

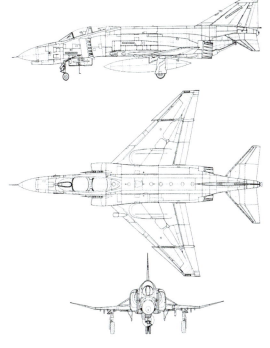

F-4 "鬼怪" II 战斗机结构图

「衍生型号」

F-4A
舰载机型，1958 年 5 月首次试飞，仅生产 45 架。

F-4B
全天候战斗机，供美国海军及美国海军陆战队用于制空。

F-4D
F-4C 的升级版，加装 AN/APQ-109 雷达，可以发射反辐射导弹压制敌方防空阵地。

F-4E
从 F-4C/D 型发展而来，是第一种安装固定式 M61 机炮的"鬼怪"战斗机。

F-4G
专门压制敌方防空系统的电子战飞机，取代了美国空军先前使用的 F-105F。

F-4J
美国海军与海军陆战队使用的最后一款 F-4 衍生型，修正了许多 F-4B 的缺陷。

美国 F-5 "自由斗士"战斗机

F-5 战斗机是由美国诺斯洛普公司设计的轻型战斗机，1959 年 7 月首次试飞，A、B、C 三型称为"自由斗士"（Freedom Fighter），E、F 两型称为"虎"（Tiger）Ⅱ。除美国空军和海军外，加拿大、伊朗、韩国、新加坡、挪威、希腊和西班牙等国空军也曾装备。

F-5 战斗机通常装有 2 门 20 毫米 M39A2 型机炮，另有 7 个外挂点可挂载 3180 千克，包括 AIM-9 "响尾蛇"空对空导弹、AGM-65 "小牛"空对地导弹，以及各类常规炸弹和制导炸弹。动力装置为两台通用 J85-GE-21B 涡喷发动机，单台最大推力为 22 千牛。F-5E 是以苏联的 MiG-21 和 Su-7 为假想敌而研制的，要求它的中、低空性能接近于 MiG-21，同时还具有对地攻击的能力。F-5F 是 F-5E 的双座战斗 / 教练型。由于增加了一个座椅，故机身增长了 1 米。

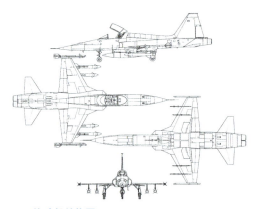
F-5 战斗机结构图

仰视 F-5 战斗机

基本参数
机身长度：	14.45米
机身高度：	4.08米
翼展：	8.13米
最大起飞重量：	11210千克
最大速度：	1700千米/小时
最大航程：	3700千米

F-5 战斗机正在空中加油

美国 F-14 "雄猫" 战斗机

F-14 "雄猫"（Tomcat）战斗机是由美国格鲁曼公司研制的舰载双发双座战斗机，主要用户为美国海军，伊朗空军也装备了 A 型机。

F-14A 是 "雄猫" 系列中第一种服役的机型，也是唯一外销的 F-14 战斗机。2006 年 9 月，美国海军所有 F-14 战斗机全部退役，目前只剩下伊朗空军的 F-14A 仍在服役。与同时代的战斗机相比，F-14 战斗机的综合飞行控制系统、电子反制系统和雷达系统等都非常优秀。其装备的 AN/AWG-9 远程火控雷达系统功率高达 10 千瓦，可在 120 千米～140 千米的距离上锁定敌机。该机还装备了当时独有的资料链，可将雷达探测到的资料与其他 F-14 战斗机分享，其雷达画面能显示其他 F-14 战斗机探测到的目标。F-14 战斗机装备 1 门 20 毫米 M61 机炮，还可发射 AIM-54 "不死鸟"、AIM-7 "麻雀" 和 AIM-9 "响尾蛇" 等空对空导弹，以及各类炸弹。

F-14 "雄猫" 战斗机侧面视角

F-14 "雄猫" 战斗机在高空飞行

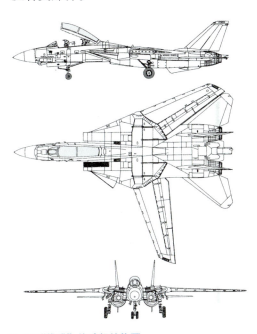
F-14 "雄猫" 战斗机结构图

F-14 战斗机突破音速瞬间

基本参数

机身长度：	19.1 米
机身高度：	4.88 米
翼展：	19.55 米
最大起飞重量：	33720 千克
最大速度：	2485 千米/小时
最大航程：	2960 千米

美国 F-15"鹰"式战斗机

F-15"鹰"式（Eagle）战斗机是美国麦克唐纳·道格拉斯公司研制的全天候双发战斗机，1976年1月开始服役，截至2021年仍是美国空军的主力战斗机之一。除美国外，F-15还出口到日本、以色列、韩国、新加坡、沙特阿拉伯等国家。

F-15战斗机气动布局出色，机翼负荷较低，并具备较高的推重比，武器和飞行控制系统采用了先进的自动化设计。该机使用的多功能脉冲多普勒雷达具备较好的下视搜索能力，利用多普勒效应可避免目标的信号被地面噪音掩盖，能追踪树梢高度的小型高速目标。F-15战斗机装有1门20毫米M61A1机炮，另有11个武器挂架（机翼6个，机身5个），总外挂可达7300千克，可使用AIM-7"麻雀"、AIM-9"响尾蛇"和AIM-120"监狱"等空对空导弹，以及包括GBU-28重磅炸弹在内的多种对地武器。

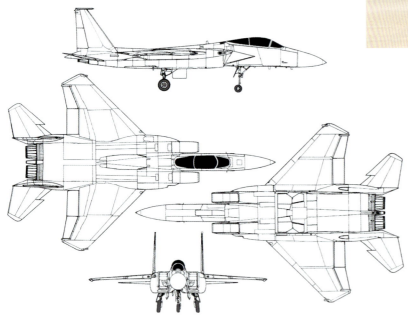

F-15"鹰"式战斗机结构图

基本参数

机身长度：19.43米	机身高度：5.63米
翼展：13.05米	最大起飞重量：30800千克
最大速度：2665千米/小时	最大航程：5550千米

【战地花絮】

F-15的设计思想是替换在越南战场上问题层出的F-4战斗机，要求对1975年之后出现的任何敌方战斗机保持绝对的空中优势。针对夺取和维持空中优势这一目标而诞生的F-15战斗机，设计时要求其"没有一磅重量用于对地"。

「衍生型号」

F-15"鹰"式战斗机正面视角

F-15A
单座制空战斗型，装备 F100-PW-100 发动机和 AN/APG-63 雷达，1972 年 7 月 27 日首飞。

F-15B
A 型的双座教练型，具有 A 型的全部作战能力，但没有装备 AN/ALQ-135 电子干扰设备。

F-15C
在 A 型基础上改进的单座制空战斗型，采用 F100-PW-220 发动机和改进型 APG-63 雷达。

F-15D
C 型的双座教练型，同样具有 C 型的全部作战能力。

F-15E
双座全天候战斗轰炸机，绰号"攻击鹰"，机身结构加强，座舱经过重新设计。

F-15J
日本根据许可证生产的 F-15C/D，主要是换装了一些日本国产的航空电子设备。

F-15K
韩国订购的 F-15E 出口型，改进了航空电子设备，加强了机身结构。

美国 F-16 "战隼"战斗机

F-16 "战隼"（Fighting Falcon）战斗机是美国通用动力公司（1993 年通用动力公司将飞机制造事业出售给洛克希德公司）为美国空军研制的多功能喷气式战斗机，属于第四代战斗机。该机原先设计为一款轻型战斗机，辅助美国空军主流派心目中的主力战斗机 F-15，形成高低配置，后来演化为成功的多功能飞机，总产量超过 4500 架。除美国外，以色列、埃及、土耳其、韩国、希腊、荷兰、丹麦和挪威等 20 多个国家也订购了 F-16 战斗机。

F-16 战斗机装有 1 门 M61 "火神" 20 毫米机炮，备弹 511 发。该机可以携带的导弹包括 AIM-7 "麻雀" 空对空导弹、AIM-9 "响尾蛇" 空对空导弹、AIM-120 "监狱" 空对空导弹、AGM-65 "小牛" 空对地导弹、AGM-88 "哈姆" 反辐射导弹、AGM-84 "鱼叉" 反舰导弹、AGM-119 "企鹅" 反舰导弹等，另外还可挂载 AGM-154 联合防区外武器、CBU-87/89/97 集束炸弹、GBU-39 小直径炸弹、Mk 80 系列无导引炸弹、"铺路"系列制导炸弹、联合直接攻击炸弹、B61 核弹等。由于 F-16 的先进性能、多样化的作战能力、充分的改进余地，美国空军计划在 21 世纪的头 25 年内继续使用和改进 F-16 战斗机。

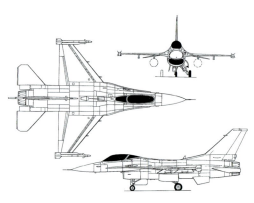
F-16 "战隼"战斗机结构图

基本参数
- 机身长度：15.06米
- 机身高度：4.88米
- 翼展：9.96米
- 最大起飞重量：19187千克
- 最大速度：2120千米/小时
- 最大航程：4220千米

F-16 "战隼"战斗机在高空飞行

F-16 "战隼"战斗机起飞

「衍生型号」

F-16A/B
F-16A 为单座型，F-16B 为双座型。F-16B 主要担负训练任务，以加大的座舱来容纳第二名飞行员。

F-16C/D
20 世纪 80 年代出现的改进型，改善了发动机和航空电子设备。F-16C 为单座型，F-16D 为双座型。

F-16E/F
以 F-16C/D 为基础，改进了雷达和航空电子设备，并可以使用外部油箱，仅出售给阿拉伯联合酋长国。

美国 F/A-18 "大黄蜂" 战斗 / 攻击机

F/A-18 "大黄蜂" 战斗 / 攻击机是美国诺斯洛普公司和麦克唐纳·道格拉斯公司专门针对航空母舰起降而开发的对空 / 对地全天候多功能舰载机，它同时也是美国军方第一架同时拥有战斗机与攻击机身份的机种。虽然在美国仅装备海军和海军陆战队，但澳大利亚、西班牙、瑞士、马来西亚、加拿大等国的空军都有采用。

F/A-18 战斗 / 攻击机的主要特点是可靠性和维护性好、生存能力强、大仰角、飞行性能好以及武器投射精度高。最新改进型 F/A-18E/F 是美国海军航空队的主力机种，一些航母战机大队甚至因为 F-14 操作成本的问题而缩编或没有配属 F-14，而完全以 F/A-18 作为战斗主力。F/A-18 战斗 / 攻击机的主要武器为一门 M61 "火神" 20 毫米机炮（备弹 578 发），另有 9 个挂载点（翼端 2 个、翼下 4 个及机腹 3 个），可挂载最多 6215 千克的导弹、火箭、炸弹、副油箱和荚舱。该机可发射的导弹包括 AIM-9 "响尾蛇" 空对空导弹、AIM-120 "监狱" 空对空导弹、AGM-88 "哈姆" 反辐射导弹、AGM-84 "鱼叉" 反舰导弹等，可投放的炸弹有 GBU-24 制导炸弹、GBU-12 制导炸弹、CBU-87/89 集束炸弹和 Mk 80 系列无导引炸弹等。

F/A-18 战斗 / 攻击机编队作战

机翼折叠的 F/A-18 战斗 / 攻击机

F/A-18 "大黄蜂" 战斗 / 攻击机结构图

基本参数

- 机身长度：18.31米
- 机身高度：4.88米
- 翼展：13.62米
- 最大起飞重量：23400千克
- 最大速度：1915千米/小时
- 最大航程：3330千米

「衍生型号」

F/A-18A/B
早期型号，F/A-18A 为单座型，F/A-18B 为双座型。F/A-18B 的主要用途是为了训练使用，但比起一般的教练机，F/A-18B 仍然拥有完整的作战能力。

F/A-18C/D
以航空电子设备为主要改良项目的改进型，F/A-18C 为单座型，F/A-18D 为双座型。F/A-18D 经常执行需要较多人力分工的特殊任务，如战术空中管制和战术侦察等。

美国 F-22"猛禽"战斗机

F-22"猛禽"（Raptor）战斗机是美国空军现役的双发单座隐形战斗机，其主承包商为美国洛克希德·马丁公司，负责设计大部分机身、武器系统和最终组装。

F-22战斗机单架造价高达1.5亿美元（2009年币值），在设计上具备超音速巡航（不需使用加力燃烧室）、超视距作战、高机动性、对雷达与红外线隐形等特性。洛克希德·马丁公司宣称F-22战斗机的隐身性能、灵敏性、精确度和态势感知能力结合，加之其空对空和空对地作战能力，使得它成为当今世界综合性能最佳的战斗机。

F-22战斗机装有1门M61"火神"20毫米机炮，备弹480发。在空对空构型时，通常携带6枚AIM-120先进中程空对空导弹和两枚AIM-9"响尾蛇"空对空导弹。在空对地构型时，则携带2枚联合直接攻击弹药（或8枚GBU-39小直径炸弹）、2枚AIM-120先进中程空对空导弹和2枚AIM-9"响尾蛇"空对空导弹。

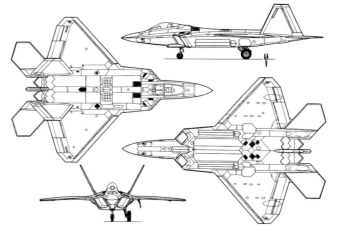

基本参数
机身长度：18.92米
机身高度：5.08米
翼展：13.56米
最大起飞重量：38000千克
最大速度：2410千米/小时
最大航程：3220千米

F-22"猛禽"战斗机结构图

【战地花絮】

F-22战斗机是目前世界上少数正式服役的第五代战斗机之一，主要任务是取得并确保战区的制空权，额外的任务包括对地攻击、电子战和信号情报等。因法律的限制，F-22战斗机无法出口，美国暂时是唯一使用者。

F-22"猛禽"战斗机正面视角

F-22"猛禽"战斗机高速飞行

F-22"猛禽"战斗机侧面视角

F-22"猛禽"战斗机起飞

美国 F-35 "闪电" II 战斗机

F-35 "闪电"（Lightning）II 战斗机是美国洛克希德·马丁公司研制的单座单发多用途战机，也是 F-22 战斗机的低阶辅助机种（因后发优势，F-35 某些方面反而比 F-22 先进），主要用于执行近接支援、目标轰炸、防空截击等多种任务。F-35 战斗机是美国及其盟国在 21 世纪的空战主力，未来预计将取代 F-16、F/A-18A/B/C/D、A-10 以及 AV-8B 等机型。

F-35 战斗机属于具有隐身设计的第五代战斗机，作战半径超过 1000 千米，具备超音速巡航能力。与美国以往的战机相比，F-35 战斗机具有廉价耐用的隐身技术、较低的维护成本，并用头盔显示器完全替代了抬头显示器。该机装有一门 GAU-12/A "平衡者" 25 毫米机炮，备弹 180 发。除机炮外，F-35 战斗机还可以挂载 AIM-9X "响尾蛇" 空对空导弹、AIM-120 "监狱" 空对空导弹、AGM-88 "哈姆" 反辐射导弹、AGM-154 联合防区外武器、AGM-158 联合防区外空对地导弹、海军打击导弹、远程反舰导弹等多种导弹武器，并可使用联合直接攻击炸弹、风修正弹药撒布器、"铺路" 系列制导炸弹、GBU-39 小直径炸弹、Mk 80 系列无导引炸弹、CBU-100 集束炸弹、B61 核弹等，火力十分强劲。

F-35 战斗机列队飞行，从上至下分别为 F-35A、F-35B、F-35C

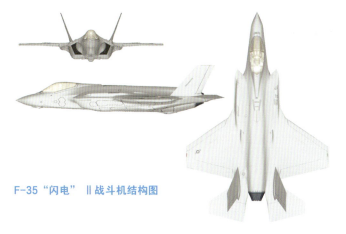

F-35 "闪电" II 战斗机结构图

基本参数
机身长度：15.7米
机身高度：4.33米
翼展：10.7米
最大起飞重量：31800千克
最大速度：1931千米/小时
最大航程：2220千米

「衍生型号」

F-35A
采用传统跑道起降的版本，2006 年 12 月 15 日首次试飞。

F-35B
短距/垂直起降的版本，2008 年 6 月 11 日首次试飞。

F-35C
航母舰载机版本，2010 年 6 月 6 日首次试飞。

美国 F-84 "雷电" 喷气战斗机

F-84 "雷电"（Thunder）喷气战斗机是美国共和飞机公司研制的喷气式战斗机，也是美国空军在二战后的第一种战斗机，1946年2月26日首次试飞，1947年6月开始批量生产，1953年停产。F-84共有A、B、C、D、E、F、G、H、J等十多种机型，总产量高达7524架。除美国空军使用外，还提供给许多盟国。

F-84战斗机为机头进气，增压座舱具有泪滴形座舱盖和弹射座椅，机腹座舱下方安装有大型减速板。动力装置为艾里逊J35-A-29涡喷发动机，该发动机为轴流式，与F-80 "流星"战斗机使用的离心式发动机相比油耗略低。另外，轴流式发动机较小的直径也具有优势，允许机身设计更流线，阻力更小。F-84战斗机的机头装有4挺12.7毫米勃朗宁机枪，翼根也有2挺12.7毫米勃朗宁机枪。另外，4个翼下挂架最大可携带1814千克炸弹或火箭弹。

F-84 "雷电" 喷气战斗机在高空飞行

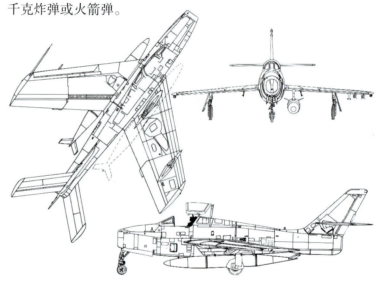

F-84 "雷电" 喷气战斗机结构图

基本参数

机身长度：11.6米	机身高度：3.84米
翼展：11.1米	最大起飞重量：10590千克
最大速度：1000千米/小时	最大航程：1600千米

【战地花絮】

F-84战斗机是美国第一种能运载战术核武器的喷气式战斗机。在20世纪50年代的局部战争中，美军F-84战斗机几乎每日使用炸弹、火箭和凝固汽油攻击敌方的铁路、桥梁和行进中的部队。

F-84战斗机编队飞行

美国 F-86 "佩刀" 战斗机

F-86 "佩刀"（Sabre）战斗机是美国北美航空公司研制的变后掠翼喷气式战斗机，1947年10月1日首次试飞，堪称美国早期设计最为成功的喷气式战斗机代表作。除美国外，英国、法国、德国、荷兰、意大利、加拿大、澳大利亚、以色列、玻利维亚、日本、韩国、印度、南非等国都有采用。其中，玻利维亚是全世界最后一个使用 F-86 的国家，一直使用到 1995 年。

F-86 的主要武器为 6 挺 12.7 毫米勃朗宁 M2HB 机枪（H 型改为四门 20 毫米机炮），并可携带 900 千克炸弹或 8 支 166 毫米无导向火箭。F-86A 型采用 J47-GE-13 涡轮喷气发动机，到 F-86D 型变为搭载有后燃器的 J47-GE-17 涡轮喷气发动机，F-86F 则换成了推力更大的 J47-GE-27 发动机。

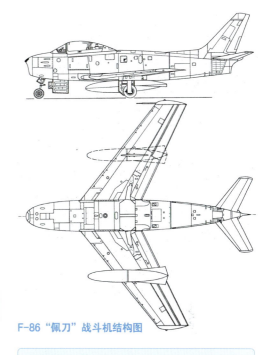

F-86 "佩刀" 战斗机结构图

P-86 战斗机高空飞行

【战地花絮】

与苏联第一代喷气式战斗机 MiG-15 相比，F-86 最大水平空速较低，最大升限较低，中低空爬升率较低，但其高速状态下的操控性较佳，运动性灵活，也是一个稳定的射击平台，配合雷达瞄准仪，能够在低空有效对抗 MiG-15。

基本参数

机身长度：11.4米　机身高度：4.6米
翼展：11.3米　最大起飞重量：8234千克
最大速度：1106千米/小时
最大航程：2454千米

「衍生型号」

F-86A
1948 年开始交付美国空军，直到 1949 年生产结束，共有 A-1、A-5、A-6、A-7 等子型号。

F-86B
为了改善未经整理跑道的起降性能，美国空军提出加大轮胎设计的需求，这一批"佩刀"因为差异甚大而将编号改为 F-86B。

F-86C
以 F-86A 为蓝本大幅修改之后而来，用于参加美国军方在 1946 年提出"穿透战斗机"需求案。

F-86D

美国空军第一架全天候战斗机，与 A 型的设计相通性只有 20%，基本上已经是不同机型。

F-86E

F-86A 的改良型，主翼与尾翼改液压操作，以提升高速状态时的飞行控制性能。

F-86F

日间战斗机的主要型号，发动机推力更大，还可携带两个副油箱。

美国 F-100 "超佩刀" 战斗机

F-100 "超佩刀"（Super Sabre）战斗机是由美国北美航空公司研制的喷气式战斗机，1953 年 9 月开始装备部队。除美国外，法国、土耳其和丹麦等国也有采用。

F-100 战斗机采用正常式布局，机头进气，中等后掠角悬臂下单翼，低平尾和单垂尾构成倒 T 形尾翼布局。机头进气方式阻力最小，但无法安装大型机载雷达，这使得 F-100 战斗机作战能力提升受到极大限制。与通常采用机头进气的飞机不同，F-100 战斗机的进气口是扁圆形的，而非通常的正圆形，从而构成该机独有的外形特征。该机是第一种在机身重要结构上采用钛合金的飞机，其主要目的是为了避免超音速飞行时气动加热导致飞机结构强度降低的问题，不过这也导致造价非常昂贵。

F-100 战斗机的主要武器是 4 门 20 毫米 M39 机炮，另外还可携带 AIM-9 "响尾蛇"导弹、AGM-12 "小斗犬"空对地导弹、70 毫米火箭发射器及其他炸弹等，并可携带核弹。

基本参数

机身长度：	15.2米
机身高度：	4.95米
翼展：	11.81米
最大起飞重量：	15800千克
最大速度：	1390千米/小时
最大航程：	3210千米

【战地花絮】

F-100 战斗机最初是作为接替 F-86 "佩刀"战斗机的高性能超音速战机，然而在其服役生涯中，常常被作为战斗轰炸机使用。

F-100 "超佩刀"战斗机侧前方视角

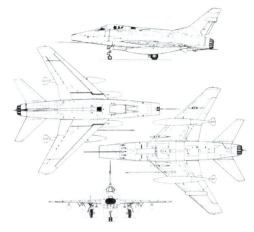
F-100"超佩刀"战斗机结构图

F-100 战斗机高空飞行

F-100 战斗机正面视角

美国 F-101"巫毒"战斗机

F-101"巫毒"（Voodoo）战斗机是由美国麦克唐纳公司研制的双发超音速战斗机，虽然设计上是担任轰炸机护航任务的长程战斗机（F-101A），但稍加改装后也可作为全天候截击机（F-101B）、战斗轰炸机（F-101C）以及战术侦察机（RF-101A）等使用。除美国空军外，加拿大皇家空军也曾装备。

F-101 战斗机采用中单翼，2 台有后燃器的 J-57 发动机，进气口位于机身两侧，发动机喷嘴在机身中后部，后机身结构向后延伸安装垂直尾翼。水平尾翼接近垂直尾翼的顶部，为全动式设计。F-101A 安装了 4 门 20 毫米机炮，并可挂载 1 枚 735 千克或 1484 千克的核弹。动力装置为 2 台普惠 J57-P-55 涡喷发动机，单台最大推力 75.2 千牛。

基本参数
机身长度：20.55米
机身高度：5.49米
翼展：12.09米
最大起飞重量：23000千克
最大速度：1825千米/小时
最大航程：2450千米

【战地花絮】

F-101 是第一架水平飞行速度超过 1600 千米/小时的量产战斗机，也创下了战术侦察机的速度纪录（A-12 与 SR-71 侦察机属于战略侦察机）。F-101 的战斗机与战斗轰炸机型没有参与任何战争，不过侦察机型 RF-101A 曾在亚洲执行侦察任务。

F-101"巫毒"战斗机结构图

F-101"巫毒"战斗机侧前方视角

F-101 战斗机高空飞行

美国 F-102 "三角剑" 截击机

F-102 "三角剑"（Delta Dagger）截击机是由美国康维尔公司研制的单座全天候截击机，主要用于美国本土的防空作战。

F-102 截击机的设计来自于 1948 年试验成功的 XF-92 无尾三角翼试验机。20 世纪 50 年代初，美国空军发出超音速截击机的招标。1951 年 11 月，康维尔公司代号为 Model 8-80 的设计被允许继续发展，即日后的 F-102 截击机。由于原本计划使用的怀特 J67 涡喷发动机的发展时程拖延，因此康维尔公司计划在原型机上使用性能并不优秀的西屋 J40 涡喷发动机，而在最终生产型上才会使用全新设计的 J67 发动机。然而，由于 J40 发动机的性能实在不如人意，且 J67 发动机的发展又遇上技术瓶颈。因此，F-102 截击机最终使用了普惠 J57-P-25 涡喷发动机。该机的主要武器是 24 枚 70 毫米无导引火箭弹，也可携带 6 枚 AIM-4 空对空导弹。

基本参数	
机身长度：	20.83 米
机身高度：	6.45 米
翼展：	11.61 米
最大起飞重量：	14300 千克
最大速度：	1304 千米/小时
最大航程：	2715 千米

【战地花絮】

F-102 截击机主要被部署在北美大陆，用来拦截敌方的远程轰炸机。该机曾参加越南战争，主要任务是空军基地防空和护送轰炸机。

F-102 战斗机高空飞行

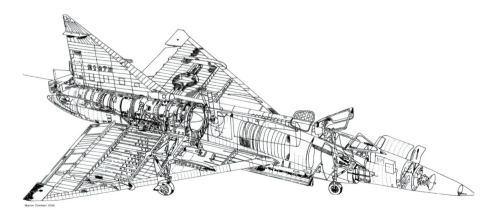
F-102 战斗机结构图

进行检修的 F-102 战斗机

美国 F-104 "星战" 战斗机

F-104 "星战"（Starfighter）战斗机是由美国洛克希德公司研制的超音速轻型战斗机，1958年开始服役。除了美国空军使用，也外销到许多国家，并成为北约成员国的主要战术核武器投射力量。

F-104战斗机曾被戏称为"飞行棺材"或"寡妇制造机"，这是因为该机为了追求高空高速，被设计成机身长而机翼短小、T形尾翼等，都是为了最大限度实现减阻，但却牺牲了飞机的盘旋性能。如果遇到发动机空中熄火或飞机失速等动力故障，其他飞机能滑翔着陆，而F-104战斗机则会立刻以自由落体式坠毁。

F-104战斗机通常装有1门20毫米M61机炮，备弹750发。执行截击任务时，携带"麻雀"空对空导弹和"响尾蛇"空对空导弹各两枚。执行对地攻击任务时，携带1枚"小斗犬"空对地导弹，1枚900千克核弹以及多枚普通炸弹，最大载弹量为1800千克。

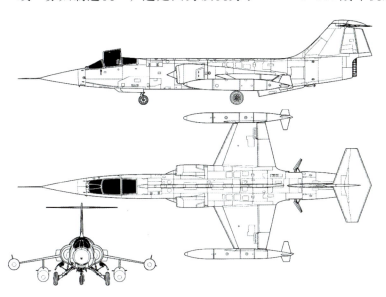

F-104 "星战" 战斗机结构图

日本航空自卫队装备的F-104战斗机

基本参数
机身长度：16.66米
机身高度：4.09米
翼展：6.36米
最大起飞重量：13170千克
最大速度：2137千米/小时
最大航程：2623千米

仰视F-104战斗机

F-104战斗机在高空飞行

英国"喷火"战斗机

"喷火"(Spitfire)是英国休泼马林公司研制的单发战斗机,1936年3月5日首次试飞,1938年8月4日开始服役,总产量超过2万架。

"喷火"战斗机采用的新技术包括单翼结构、全金属承力蒙皮、铆接机身、可收放起落架、变矩螺旋桨和襟翼装置等,其综合性能在二战时居于一流水平。该机采用了大功率活塞式发动机和良好的气动外形,与同期德国主力机种 Bf 109E 战斗机相比,"喷火"战斗机除航程和装甲等略有不及外,在最大飞行速度、火力,尤其是机动性方面均略胜一筹。

"喷火"战斗机有多种翼型,不同翼型的挂载、武器、载弹量都不同。最基本的 A 型机翼,装备为 8 挺 7.7 毫米勃朗宁机枪;B 型机翼从 A 型机翼改装而来,装有 2 门西斯潘诺机炮和 4 挺 7.7 毫米机枪;C 型机翼是为了减少工时和原料浪费而设计的通用机翼,大多数时候装备 2 门西斯潘诺机炮和 4 挺 7.7 毫米机枪;D 型机翼是没有武装的侦察用翼型;E 型机翼与 C 型机翼类似,但取消了外侧的机枪口,常用武器为 2 门西斯潘诺机炮和 2 挺 7.7 毫米机枪。

"喷火"战斗机正面视角

"喷火"战斗机在高空飞行

"喷火"战斗机结构图

停放在地面的"喷火"战斗机

基本参数

机身长度:9.12米	机身高度:3.86米	翼展:11.23米
最大起飞重量:3100千克	最大速度:595千米/小时	最大航程:1827千米

【战地花絮】

"喷火"战斗机是英国在二战中最重要也最具代表性的战斗机,从 1936 年第一架原型机试飞开始不断地改良,不仅担负英国维持制空权的重大责任,转战欧洲、北非与亚洲等战区,还提供给其他盟国使用。二战后,"喷火"战斗机还在中东地区参与当地的冲突。

英国"毒液"战斗机

"毒液"(Venom)战斗机是英国德·哈维兰公司研制的单发战斗机,1949 年 9 月首次试飞,1952 年开始服役。除英国皇家空军外,意大利、伊拉克、新西兰、瑞典、瑞士和委内瑞拉等国的空军也有装备。

作为"吸血鬼"战斗机的后继机型,"毒液"战斗机采用比前者更薄的机翼和推力更大的"幽灵"104 涡喷发动机,其机翼在四分之一弦长处略微后掠,并装有翼尖油箱。该机的机鼻中安装有 4 门西斯潘诺 Mk 5 型 20 毫米机炮,翼下 2 个挂架最大可挂载 907 千克外挂物,包括火箭弹、炸弹和导弹等。

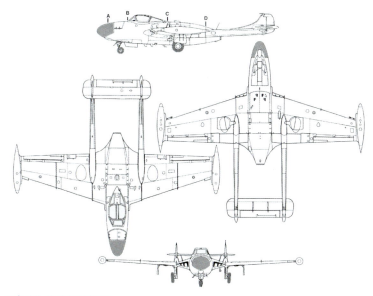
"毒液"战斗机结构图

"毒液"战斗机起飞

基本参数
- 机身长度:9.7 米
- 机身高度:1.88 米
- 翼展:12.7 米
- 最大起飞重量:7617 千克
- 最大速度:1030 千米/小时
- 最大航程:1730 千米

"毒液"战斗机降落

仰视"毒液"战斗机

英国"猎人"战斗机

"猎人"（Hunter）是英国霍克飞机公司研制的单发高亚音速喷气战斗机，1951年7月首次试飞，1954年开始服役，总产量约1970架。除英国外，还有其他近20个国家曾装备"猎人"战斗机。

"猎人"战斗机有单座和双座机型，只安装简单的测距雷达，不具备全天候作战能力，但可兼作对地攻击用。该机的武器装备为4门阿登30毫米机炮，另有4个挂架，最大挂弹量为1816千克。动力装置为1台埃汶207涡喷发动机，推力为45.1千牛。由于性能出色，"猎人"战斗机曾作为英国皇家空军的特技表演用机使用。

基本参数
机身长度：14米
机身高度：4.01米
翼展：10.26米
最大起飞重量：11158千克
最大速度：1150千米/小时
最大航程：3060千米

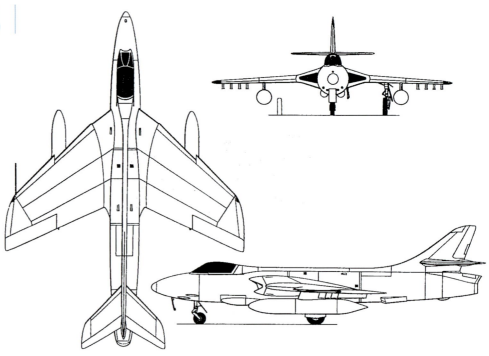

"猎人"战斗机结构图

"猎人"战斗机侧面视角

"猎人"战斗机在高空飞行

英国"标枪"战斗机

"标枪"（Javelin）战斗机是英国格罗斯特公司研制的双发亚音速战斗机，1951年11月首次试飞，1956年1月开始服役，总产量为436架，主要用户为英国皇家空军。

"标枪"战斗机是英国研制的第一种三角翼战斗机，也是世界上最早使用三角翼的实用战斗机，主要依靠截击雷达和空对空导弹作战。该机装有2门30毫米机炮，动力装置为2台阿姆斯特朗·西德利"蓝宝石"7R（Armstrong Siddeley Sapphire 7R）涡喷发动机，单台推力35.6千牛。

"标枪"战斗机侧后方视角

基本参数	
机身长度：17.15米	
机身高度：4.88米	
翼展：15.85米	
最大起飞重量：19580千克	
最大速度：1140千米/小时	
最大航程：1530千米	

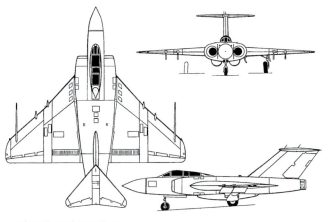

"标枪"战斗机结构图

"标枪"战斗机在高空飞行

英国"蚊蚋"战斗机

"蚊蚋"（Gnat）战斗机是英国弗兰德飞机公司（Folland Aircraft）研制的单座轻型战斗机，1955年7月首次试飞，1959年开始服役。除英国皇家空军外，芬兰和印度等国的空军也曾装备。

基本参数	
机身长度：8.74米	机身高度：2.46米
翼展：6.73米	最大起飞重量：5500千克
最大速度：1120千米/小时	最大航程：800千米

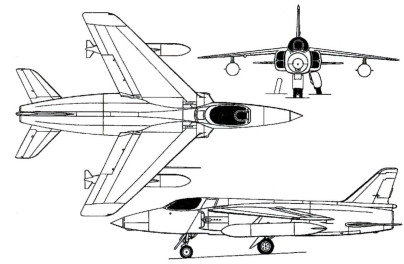

"蚊蚋"战斗机结构图

"蚊蚋"战斗机一反当时追求更快、更高的潮流,而是追求操作灵活、容易整备。由于高推重比和低翼载,加上助力操纵装置的"蚊蚋"战斗机具有相当好的机动性和操纵性。但追求简易性的独特设计也存在一些缺点,如液压助力操纵系统常出故障,襟副翼在飞行时会突然下垂,造成低空飞行时产生致命的低头力矩。该机装有2门阿登30毫米机炮,并可外挂2枚227炸弹或36枚火箭弹。

"蚊蚋"战斗机侧前方视角

"蚊蚋"战斗机机腹

"蚊蚋"战斗机在高空飞行

英国"闪电"战斗机

"闪电"(Lightning)战斗机是英国电气公司研制的双发单座喷气式战斗机,1954年8月首次试飞,1959年开始服役。除英国皇家空军外,科威特和沙特阿拉伯等国的空军也曾装备。

"闪电"战斗机最大的设计特点是在后机身内使两台埃汶发动机别出心裁地呈上下重叠安装。该机采用机头进气,在后来战斗机型的圆形进气口中央有一个内装火控雷达的固定式调节锥。"闪电"战斗机的机翼设计也很独特:前缘后掠60度,并带缺口(作为涡流发生器用),后缘沿着飞机纵轴互为垂直的方向切平。该机的主要武器是2门阿登30毫米机炮,另有4个外挂点可携带炸弹和导弹等武器,包括"火光"短程空对空导弹和"红顶"空对空导弹。

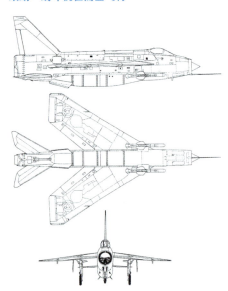
"闪电"战斗机结构图

"闪电"战斗机起飞

"闪电"战斗机降落

基本参数
机身长度:16.8米
机身高度:5.97米
翼展:10.6米
最大起飞重量:20752千克
最大速度:2100千米/小时
最大航程:1370千米

法国"神秘"战斗机

"神秘"（Mystere）战斗机是法国达索航空公司研制的单座喷气式战斗机，1951年2月首次试飞，1954年开始服役，1963年从法国空军退役。

"神秘"战斗机沿用了"暴风雨"战斗机的机身，但是为了安装机翼，中部做了一些改动，机翼的后掠角从"暴风雨"战斗机的14度增大到30度，机翼的相对厚度也比原来的小。

达索航空公司通过逐步完善性能和发展各种用途，使"神秘"战斗机衍生出多种型号，以满足不同的作战要求。以昼间用的战斗轰炸机改型"神秘"ⅣA为例，其机头下装2门30毫米机炮，翼下4个挂架可挂4枚225千克炸弹或4具19孔37毫米火箭发射巢或副油箱。

基本参数
机身长度：11.7米
机身高度：4.26米
翼展：13.1米
最大起飞重量：7475千克
最大速度：1060千米/小时
最大航程：885千米

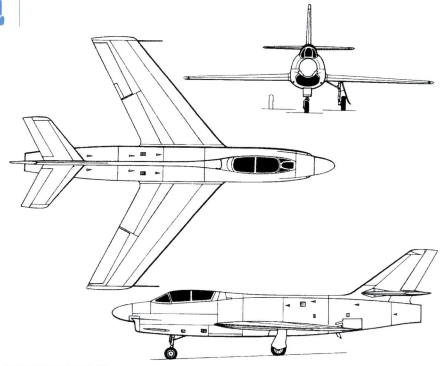

"神秘"战斗机结构图

博物馆中的"神秘"战斗机

"神秘"战斗机侧前方视角

法国"超神秘"战斗机

"超神秘"(Super Mystere)是法国达索航空公司研制的超音速战斗机,1955年3月首次试飞,总产量约180架。除法国空军外,以色列和洪都拉斯等国的空军也有装备。

"超神秘"战斗机在气动外形上借鉴了美国F-100"超佩刀"战斗机,虽然和"神秘"Ⅱ型很相似,但实际上是一架全新的飞机。该机安装带加力燃烧室的"阿塔"101涡喷发动机,使得平飞速度超过音速。"超神秘"战斗机装有1门双联发德发551型30毫米机炮,翼下可选挂907千克火箭弹或炸弹。

基本参数	
机身长度:14.13米	机身高度:4.6米
翼展:10.51米	最大起飞重量:10000千克
最大速度:1195千米/小时	
最大航程:1175千米	

"超神秘"战斗机侧前方视角

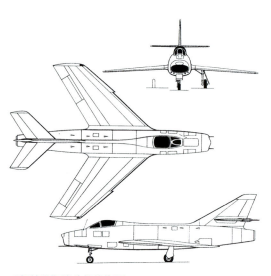

"超神秘"战斗机结构图

航展中的"超神秘"战斗机

法国"幻影"III战斗机

"幻影"（Mirage）III战斗机是法国达索航空公司研制的单座单发战斗机，1956年11月首次试飞，1961年开始服役。该机最初被设计成截击机，但随后就发展成兼具对地攻击和高空侦察的多用途战机。除法国外，还有其他近20个国家装备。

"幻影"III战斗机具有操作简单、维护方便的优点，其采用无尾翼三角翼单发设计，主要武器为2门固定30毫米机炮，另有7个外挂点，可挂载的武器除了4枚空对空导弹以外，通常是炸弹、空对地导弹或是空对舰导弹等。

基本参数	
机身长度：	15.03米
机身高度：	4.5米
翼展：	8.22米
最大起飞重量：	13500千克
最大速度：	2350千米/小时
最大航程：	3335千米

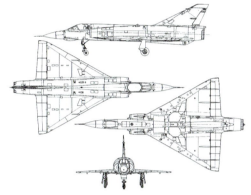

"幻影"III战斗机结构图

"幻影"III战斗机驾驶舱内景

"幻影"III战斗机侧面视角

"幻影"III战斗机编队飞行

"幻影"III战斗机侧前方视角

法国"幻影"F1战斗机

"幻影"（Mirage）F1战斗机是法国达索航空公司研制的空中优势战斗机，1966年12月首次试飞，1973年加入法国空军服役。除法国外，伊朗、利比亚、摩洛哥、希腊、伊拉克、约旦和西班牙等国也有装备。

"幻影"F1战斗机的机载武器包括2门30毫米机炮，其翼尖可携带2枚"魔术"红外制导空对空导弹，翼下的4个挂架可挂载R530空对空导弹。在执行对地攻击任务时，可在翼下的4个挂架和机身挂架上挂载各种常规炸弹火箭发射器和1200升的副油箱。"幻影"F1战斗机还具备空中加油能力，可有效增加作战距离。

基本参数	
机身长度：	15.3米
机身高度：	4.5米
翼展：	8.4米
最大起飞重量：	16200千克
最大速度：	2338千米/小时
最大航程：	3300千米

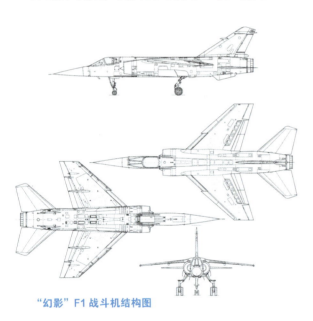

"幻影"F1战斗机结构图

【战地花絮】

20世纪60～80年代，中东地区频频爆发军事冲突。1973年赎罪日战争后，一些阿拉伯国家需要补充战争期间消耗的军备并实现空军装备更新，"幻影"F1战斗机凭其优异性能及法国作为美国、苏联以外最具实力的航空武器出口国，获得不少阿拉伯国家空军的青睐。

"幻影"F1战斗机高空飞行

法国"幻影"2000战斗机

"幻影"F1战斗机侧面视角

"幻影"（Mirage）2000战斗机是法国达索航空公司研制的多用途战斗机，1978年3月首次试飞，1982年11月开始服役。除法国外，埃及、巴西、希腊、印度、秘鲁、阿拉伯联合酋长国、卡塔尔等国也有装备。

"幻影"2000战斗机重新启用了"幻影"Ⅲ战斗机的无尾三角翼气动布局，以发挥三角翼超音速阻力小、结构重量轻、刚性好、大迎角时的抖振小和内部空间大以及贮油多的优点。得益于航空技术的发展，"幻影"2000战斗机解决了无尾布局的一些局限性，作战性能大幅提升。该机共有9个武器外挂点（其中5个在机身下，4个在机翼下），除了携带4枚空对空导弹以外，通常挂载炸弹、空对地导弹或空对舰导弹等。另外，各单座型号还装有2门德发公司的30毫米机炮。

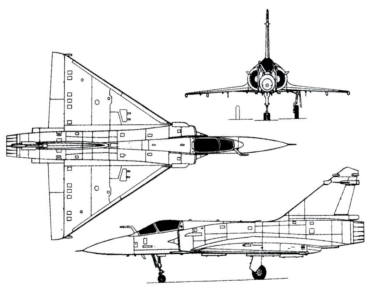

"幻影"2000战斗机结构图

基本参数
机身长度：14.36米
机身高度：5.2米
翼展：9.13米
最大起飞重量：17000千克
最大速度：2530千米/小时
最大航程：3335千米

【战地花絮】

在后继机种"阵风"战斗机开始生产后，"幻影"2000战斗机停产。最后一架出厂的"幻影"2000战斗机由希腊空军订购，于2007年11月23日交货。

夜间起飞的"幻影"2000战斗机

进行空中加油的"幻影"2000战斗机

"幻影"2000战斗机编队飞行

法国"幻影"4000战斗机

"幻影"(Mirage)4000是法国达索航空公司研制的双发重型战斗机。

"幻影4000"于1979年3月9日首飞,在试飞期间显示出来的性能完全能与F-15匹敌。但是,由于采购单价太高、政府订购不多、出口不利等原因,使得"幻影"4000计划破灭,最终于1995年运往巴黎,成为勒布尔歇博物馆的永久展品。

"幻影"4000和"幻影2000"使用相同的发动机和武器系统,但与后者相比,它的全长增加了20%、翼展增加了33%、翼面积增加了80%、最大起飞重量从17.5吨增加到32吨,是一款标准的重型制空战斗机。除了双发和单发的区别外,"幻影"4000还在进气道两侧增加了一对固定式前翼而非"幻影2000"的小型条板翼,它们可以有效地改善高迎角条件下的气流,并使飞机获得更大的机动性。

"幻影"4000战斗机三视图

法国"幻影"4000战斗机

停放在地面的"幻影"4000战斗机

基本参数

机身长度:	18.7米
机身高度:	5.8米
翼展:	12米
最大起飞重量:	32000千克
最大速度:	2445千米/小时
最大航程:	2000千米

正在起飞的"幻影"4000战斗机

高空飞行的"幻影"4000战斗机

法国"阵风"战斗机

"阵风"（Rafale）战斗机是法国达索航空公司研制的双发多用途战机，属于第四代战斗机。该机于1986年7月4日首次试飞，2001年5月18日开始服役，主要用户为法国空军和法国海军。

"阵风"战斗机装有1门30毫米GIAT 30/719B机炮，备弹125发。该机共有14个外挂点（海军型为13个），其中5个用于加挂副油箱和重型武器，总的外挂能力在9000千克以上。"阵风"战斗机可发射的导弹包括"云母"空对空导弹、"魔术"Ⅱ空对空导弹、"流星"空对空导弹、"风暴之影"巡航导弹、"飞鱼"反舰导弹等，还可携带"阿帕奇"远距离反跑道撒布器、"铺路"系列制导炸弹等。

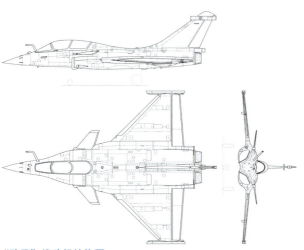

"阵风"战斗机结构图

"阵风"战斗机正面视角

基本参数

机身长度：	15.27米
机身高度：	5.34米
翼展：	10.8米
最大起飞重量：	24500千克
最大速度：	2130千米/小时
最大航程：	3700千米/小时

【战地花絮】

虽然"阵风"战斗机没有采用第五代战斗机的技术，但比起现代服役的第四代战斗机又采用了大量的先进技术，因而其综合作战性能有了很大提高，而且有相当大的进一步发展潜力。法国军方计划以其取代七种不同专门化的军机（包括舰载机），作为法国海军及空军下一代的主力。

「衍生型号」

"阵风"B
法国空军使用的双座型。

"阵风"C
法国空军使用的单座型。

"阵风"M
法国海军使用的舰载机版本，2002年开始服役。

苏联 La-7 战斗机

La-7（拉-7）战斗机是苏联拉沃奇金设计局研制的单座单发战斗机，由 La-5 战斗机改进而来。该机于 1944 年 2 月首次试飞，同年开始服役，总产量为 5753 架。

La-7 战斗机的主要结构仍是木材，机身主梁和各舱段隔板为松木，蒙皮为薄胶合板和多层高密度织物压制而成，厚度由机头至机尾为 6.8 毫米至 3.5 毫米，其强度优于 La-5 战斗机。机头由于要镶上发动机和弹药舱等，故采用铬钼合金钢管焊接的支架，驾驶舱也采用金属钢管焊接的支架结构。座舱玻璃为 55 毫米厚的有机玻璃。与 La-5 战斗机相比，La-7 战斗机的起飞重量有所降低，空气动力性能得到了改进。La-7 战斗机的机载武器为 2 门 20 毫米舍瓦克机炮（每门备弹 200 发），或 3 门 20 毫米别列津 B-20 机炮（每门备弹 100 发）。

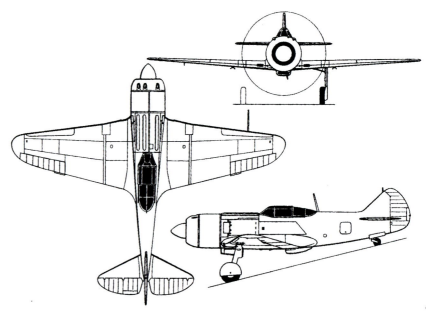

La-7 战斗机结构图

保存至今的 La-7 战斗机

基本参数
- 机身长度：8.6 米
- 机身高度：2.54 米
- 翼展：9.8 米
- 最大起飞重量：3315 千克
- 最大速度：661 千米/小时
- 最大航程：665 千米

博物馆中的 La-7 战斗机

苏联 Yak-3 战斗机

Yak-3（雅克-3）战斗机是苏联雅克列夫设计局研制的单座单发螺旋桨战斗机，1941 年 4 月首次试飞。因德国空军的轰炸以及苏联将工厂设备撤退至后方等种种原因，使得雅克设计局优先推出与 Yak-1 相近的简化版 Yak-9，而 Yak-3 直到 1944 年才开始生产并装备部队。

Yak-3 战斗机以 Yak-1M 战斗机作为蓝本，主要作为 5000 米高度以下的制空战斗机。为减少风阻而把机头下方的滑油器冷却口改设于主翼两侧根部位置，机身下方的冷却器也重新设计为更具流线形，翼展也有小幅度缩短，这使得 Yak-3 战斗机比 Yak-1 战斗机更加小巧轻快。该机采用全金属结构和后三点收放式起落架，机载武器为 1 门 20 毫米机炮和 2 挺 12.7 毫米机枪。动力装置为 1 台 M-105R 水冷十二汽缸 V 型发动机，功率为 925 千瓦。

【战地花絮】

1944 年 7 月 14 日，一队刚编成的 Yak-3 战斗机中队共 18 架，迎战 30 架 Bf 109 战斗机，一共击落 15 架敌机而本队无一损失。因此，当时德军中流传着"避免在 5000 米以下，与机首无油冷器的雅克战机交战"的告诫。

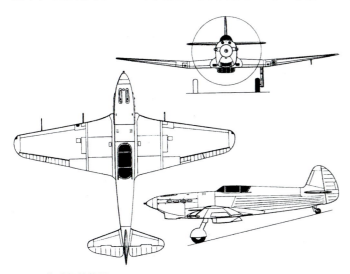

Yak-3 战斗机结构图

Yak-3 战斗机在高空飞行

基本参数
- 机身长度：8.5 米
- 机身高度：2.39 米
- 翼展：9.2 米
- 最大起飞重量：2692 千克
- 最大速度：655 千米/小时
- 最大航程：650 千米

Yak-3 战斗机在地面滑行

Yak-3 战斗机侧面视角

苏联 Yak-9 战斗机

Yak-9（雅克-9）战斗机是苏联雅克列夫设计局研制的单座单发战斗机，是苏联在二战中生产数量最多的战斗机之一，总产量高达 16769 架。

Yak-9 战斗机是根据作战经验自 Yak-7 战斗机改良而来，主要特征是完全使用气泡式封闭座舱，可以很明显地与早期的 Yak-1 战斗机相区别。该机的机载武器为 1 门 20 毫米机炮（备弹 120 发）和 1 挺 12.7 毫米机枪（备弹 200 发），动力装置为 1 台卡莫夫 M-105PF 发动机，最大功率为 880 千瓦。虽然 Yak-9 战斗机的整体性能还算不错，但也有一些较严重的缺点，例如防弹和抗毁性较差等。

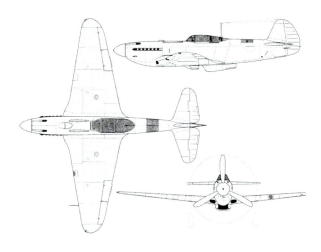

Yak-9 战斗机结构图

基本参数	
机身长度：8.55米	机身高度：3米
翼展：9.74米	最大起飞重量：3204千克
最大速度：591千米/小时	最大航程：1360千米

Yak-9 战斗机起飞

Yak-9 战斗机侧面视角

苏联 Yak-15 战斗机

Yak-15（雅克-15）战斗机是苏联雅克列夫设计局研制的亚音速单座喷气式战斗机，也是苏联的第一款喷气式战斗机，于1946年4月24日首次试飞，1947年开始服役。该机一共生产了280架，几乎全用作教练机来使苏军飞行员适应喷气式战斗机。

Yak-15战斗机是使用Yak-3U活塞战斗机的金属机身加喷气发动机改装而来，动力装置为1台卡莫夫RD-10涡喷发动机，机载武器为2门23毫米机炮（每门备弹60发）。由于机体取自Yak-3U战斗机，所以Yak-15战斗机的生产时间非常短。不过，Yak-15战斗机毕竟是一款拼凑而来的产品，存在诸多缺陷，所以没有大批量生产。

基本参数	
机身长度：	8.7米
机身高度：	2.27米
翼展：	9.2米
最大起飞重量：	2638千克
最大速度：	786千米/小时
最大航程：	510千米

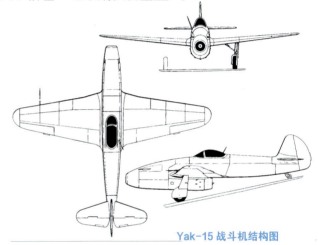

Yak-15战斗机结构图

Yak-9战斗机高空航行

【战地花絮】

作为一款成功的战斗机，Yak-9战斗机也与其他著名战斗机一样发展为一个衍生型号众多的大家族，其中比较重要的包括战术侦察型Yak-9P，战斗轰炸型Yak-9B和Yak-9T，长程型Yak-9D以及后期的标准型Yak-9U等。

Yak-15战斗机侧前方视角

苏联 MiG-9 战斗机

MiG-9（米格-9）战斗机是苏联米高扬设计局（现已与俄罗斯其他制造商合并为联合航空制造公司）研制的双发喷气式战斗机，1946年4月首次试飞，同年开始批量生产并一直持续到1948年，总产量为610架。

MiG-9战斗机采用中单翼，水平尾翼的位置位于机背上方，高于机翼。机首进气，发动机安装在机身下方，排气口位于机身中段偏后的部位，与现在常见位于机尾的排气口有很大的差别。MiG-9战斗机的动力装置为2台RD-20喷气发动机，单台推力为7.8千牛。机载武器包括1门37毫米机炮（备弹40发）和2门23毫米机炮（每门备弹80发）。MiG-9战斗机虽然速度快、升限高，但也存在早期喷气式战斗机的缺点，可靠性和机动性都存在不小的问题。

基本参数
机身长度：	9.75米
机身高度：	2.59米
翼展：	10米
最大起飞重量：	5501千克
最大速度：	910千米/小时
最大航程：	1100千米

博物馆中的 MiG-9 战斗机

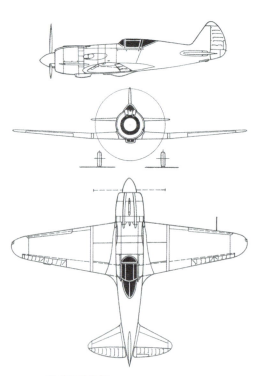
MiG-9 战斗机结构图

MiG-9 战斗机侧前方视角

苏联 MiG-15 "柴捆" 战斗机

MiG-15（米格-15）"柴捆"（Fagot，北约代号）战斗机是苏联米高扬设计局研制的高亚音速喷气式战斗机，1947年12月首次试飞，1949年开始服役，苏联一共生产了12000架左右。

MiG-15战斗机是苏联第一代喷气式战斗机中的杰出代表，具有光滑的机身外形。该机采用机头进气模式，机身上方为水泡形座舱盖，内有弹射座椅。机翼位于机身中部靠前，后掠角35度，带4枚翼刀。在机翼前缘放有一定量的铅，以降低机翼对扭曲刚性的需求。

MiG-15战斗机的动力装置为1台推力为26.5千牛的克利莫夫VK-1型发动机。该机安装了1门37毫米机炮和2门23毫米机炮，翼下还可以挂载2枚100千克炸弹或副油箱。由于没有装备雷达，MiG-15战斗机不具备全天候作战能力。

MiG-15"柴捆"战斗机在高空飞行

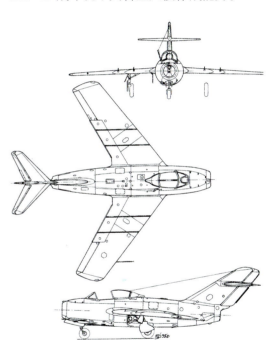

MiG-15"柴捆"战斗机结构图

MiG-15"柴捆"战斗机侧前方视角

【战地花絮】

除了航程较短外，MiG-15战斗机拥有当时最先进的性能指标。由于MiG-15战斗机的出色表现，在活塞飞机时代默默无闻的米高扬设计局也因此扬名立万。

基本参数

机身长度：	10.08米
机身高度：	3.7米
翼展：	10.08米
最大起飞重量：	6105千克
最大速度：	1059千米/小时
最大航程：	1240千米

苏联 MiG-17 "壁画" 战斗机

MiG-17（米格-17）"壁画"（Fresco，北约代号）战斗机是苏联米高扬设计局研制的单发战斗机，1949年12月开始试飞，1952年进入苏联空军服役，总产量超过10000架。除苏联外，还有其他30多个国家曾装备该机。

MiG-17战斗机采用中单翼设计，起落架可伸缩。机身结构为半硬壳全金属结构。座舱采用了加压设计，气压来源由发动机提供。前方和后方有装甲板保护。前座舱罩是65毫米厚的防弹玻璃。紧急时飞行员可以使用弹射椅脱离。MiG-17战斗机的武器包括1门37毫米N-37机炮（备弹40发）和2门23毫米NR-23机炮（每门备弹80发），3门机炮都装在机首进气口下面。

MiG-17战斗机的航空电子设备包括SRO-1敌我识别器、OSP-48仪器降落系统、ARK-5无线电测向仪、RW-2无线电高度计和MRP-48P收发机等。为了记录武器射击效果，还装有一台S-13摄影机。此外，一些飞机还装有一台潜望镜来观察背后的情况。

基本参数	
机身长度：	11.26米
机身高度：	3.8米
翼展：	9.63米
最大起飞重量：	5932千克
最大速度：	1145千米/小时
最大航程：	2060千米

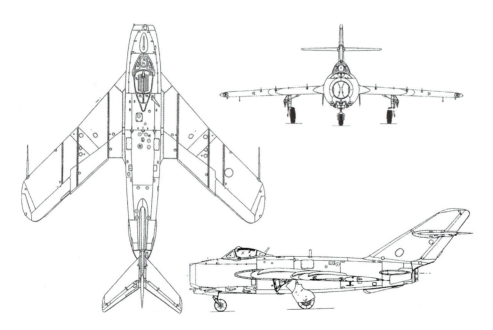

MiG-17"壁画"战斗机结构图

MiG-17"壁画"战斗机起飞

MiG-17战斗机高速飞行

苏联 MiG-19 "农夫" 战斗机

MiG-19（米格-19）"农夫"（Farmer，北约代号）战斗机是苏联米高扬设计局研制的双发喷气式超音速战斗机，1953年9月首次试飞，1955年3月开始服役，总产量超过2000架。

MiG-19战斗机的气动外形与MiG-15战斗机、MiG-17战斗机一脉相承。该机的机身蒙皮材质为铝质，尾喷口附近使用少量钢材。采用后掠翼设计，机翼前缘后掠角58度，在离翼尖约四分之一处变为55度，两翼上各有一具高32厘米的翼刀。MiG-19战斗机采用机头进气设计，部分机型在进气口上方又装有雷达的锥形整流罩，或在进气口内有整流锥。不同标准的MiG-19战斗机使用不同的发动机，为莫斯科图曼斯基设计局（今俄罗斯航空发动机科技联合体）的RD系列。

MiG-19战斗机的机载武器除1门固定的机首30毫米机炮和2门机翼30毫米机炮外，还可以通过4个挂架挂载导弹或火箭弹，导弹以R-3空对空导弹为主，火箭弹以S-5系列为主。总的来说，MiG-19战斗机爬升快，加速性和机动性好，火力强，能全天候作战。

航展中的 MiG-19 "农夫" 战斗机

基本参数
机身长度：12.5米
机身高度：3.9米
翼展：9.2米
最大起飞重量：7560千克
最大速度：1455千米/小时
最大航程：2200千米

MiG-19 "农夫" 战斗机侧前方视角

【战地花絮】

MiG-19的双发动机给保养带来了一定困难，同时不利于战机快速启动。标准的启动程序是先点燃一台发动机再点燃另一台发动机，但发动机的启动顺序必须由风向决定，否则后一个发动机会因进气量不足而无法启动。

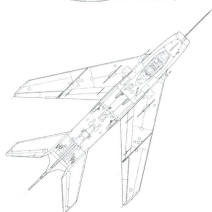
MiG-19 "农夫" 战斗机结构图

MiG-19 "农夫" 战斗机前方视角

苏联 MiG-21 "鱼窝" 战斗机

MiG-21（米格-21）"鱼窝"（Fishbed，北约代号）战斗机是苏联米高扬设计局研制的单座单发战斗机，1955年原型机试飞，1958年开始装备部队，总产量高达11496架（少量由印度和捷克斯洛伐克生产）。除苏联外，还出口到三十多个国家。

MiG-21战斗机是一种设计紧凑、气动外形良好的轻型战斗机，采用三角形机翼、后掠尾翼、细长机身、机头进气道、多激波进气锥。该机具有轻便和善于缠斗的优点，而且价格也较为便宜，适合大规模生产。该机有二十余种改型，除几种试验用改型，其余的外形尺寸变化不大，虽然重量不断增加，但同时也换装推力加大的发动机，因而飞行性能差别不大。由于机载设备和武器不同，各型号的作战能力有明显差别。总的来说，MiG-21战斗机除了速度快、减速性能好以外，其机动性能不好，加上机载设备过于简单，武器挂载能力过小和航程过短，因而作战能力有限。

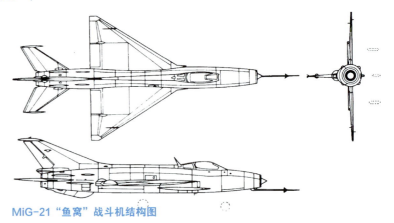

MiG-21"鱼窝"战斗机结构图

基本参数

机身长度：14.5米	机身高度：4米
翼展：7.15米	最大起飞重量：9100千克
最大速度：2175千米/小时	最大航程：1210千米

MiG-21"鱼窝"战斗机在高空飞行

仰视MiG-21"鱼窝"战斗机

苏联 MiG-23 "鞭挞者" 战斗机

MiG-23（米格-23）"鞭挞者"（Flogger，北约代号）战斗机是苏联米高扬设计局研制的多用途超音速战斗机，1967年6月首飞，1970年开始服役，总产量超过5000架。除苏联外，还有三十多个国家装备，时至今日仍有部分在服役。

MiG-23战斗机采用变后掠翼设计，气动外形借鉴了美国F-111战斗轰炸机。该机的航空电子系统具有典型的苏式风格，在制造中使用了大量的电子管和晶体管，导致雷达体积庞大、重量超标、耗电量大，而功能与精度不足，但是有较好的抗干扰能力。

MiG-23战斗机的设计思路强调了较大的作战半径、在多种速度下飞行的能力、良好的起降性和优良的中低空作战性能。机载武器方面，MiG-23战斗机除一门固定的GSh-23L双管23毫米机炮外，还可以通过机翼和机身下的挂架挂载包括R-3、R-23/24和R-60在内的多种空对空导弹，而MiG-23MLD还可以使用先进的R-27和R-73空对空导弹。

MiG-23 "鞭挞者" 战斗机侧前方视角

MiG-23 "鞭挞者" 战斗机结构图

MiG-23 "鞭挞者" 战斗机在高空飞行

MiG-23 "鞭挞者" 战斗机降落

基本参数		
机身长度：16.7米	机身高度：4.82米	翼展：13.97米
最大起飞重量：18030千克	最大速度：2445千米/小时	最大航程：2820千米

苏联 MiG-25 "狐蝠" 截击机

MiG-25（米格-25）"狐蝠"（Foxbat，北约代号）截击机是苏联米高扬设计局研制的高空高速截击机，1964年3月首次试飞，1970年开始服役，总产量为1186架。

MiG-25截击机在设计上强调高空高速性能，曾打破多项飞行速度和飞行高度世界纪录，如可在24000米高度上以2.8马赫的速度持续飞行。为了保证机体能够承受住高速带来的高温，MiG-25截击机大量采用了不锈钢结构，但这样的高密度材料却给MiG-25截击机带来了更大的重量和更高的耗油量，在其突破3马赫高速飞行时油料不能支撑太久，而且机体本身的重量也一定限制了其载弹量。该机的动力装置为两台图曼斯基R-15B-300发动机，单台最大推力为100.1千牛。

MiG-25"狐蝠"截击机起飞

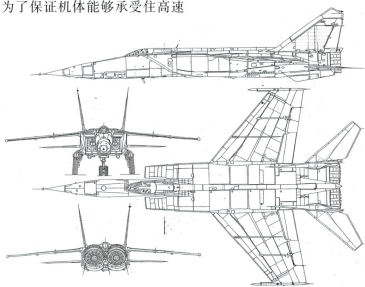
MiG-25"狐蝠"截击机结构图

航展中的MiG-25"狐蝠"截击机

基本参数
- 机身长度：19.75米
- 机身高度：6.1米
- 翼展：14.01米
- 最大起飞重量：41000千克
- 最大速度：3470千米/小时
- 最大航程：2575千米

【战地花絮】
MiG-25截击机在装备苏军初期由于其极高的性能参数，一直为西方国家所关注，西方甚至以此推测苏联的军用航空制造技术已经领先于世界。直到1976年后，西方国家才真正揭开了该机的神秘面纱。

MiG-25"狐蝠"截击机起飞

苏联 MiG-29 "支点" 战斗机

MiG-29（米格-29）"支点"（Fulcrum，北约代号）战斗机是苏联米高扬设计局研制的双发高性能制空战斗机，1977年10月首次试飞，1983年7月开始服役。该机共有二十余种改型，总产量超过1600架，除苏联外，还有三十多个国家使用。

MiG-29战斗机诞生自20世纪60年代末的先进战术战斗机（PFI）计划，旨在针对美国的FX计划（后演变为F-15战斗机），展开相对应的对抗措施。PFI计划分为重型先进战术战斗机和轻型先进战术战斗机两部分，分别催生了Su-27和MiG-29。MiG-29最初是作为空中优势战斗机研制，后期的改进型号逐步具有了空对地攻击和反舰能力。

MiG-29战斗机的机载武器为1门30毫米GSh-30-1机炮，备弹150发。该机有7个外挂点（机翼下6个，机身下1个），最多可挂载3500千克导弹和炸弹等武器，其中导弹主要包括R-60（北约代号AA-8"蚜虫"）空对空导弹，R-27（AA-10"白杨"）空对空导弹，R-73（AA-11"射手"）空对空导弹，R-77（AA-12"蟒蛇"）空对空导弹等。

基本参数	
机身长度：	17.37米
机身高度：	4.73米
翼展：	11.4米
最大起飞重量：	20000千克
最大速度：	2400千米/小时
最大航程：	2100千米

【战地花絮】

20世纪80年代，民主德国接收了一批为数不多的MiG-29G战斗机。德国统一后，由于机龄还很新，性能也较好，所以这批MiG-29成了少数被德国国防军留用的苏联装备。这批飞机主要用于作战训练，并不担负主要作战任务。

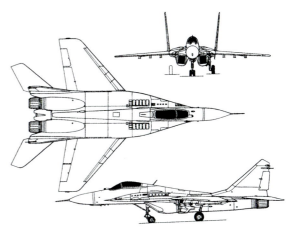
MiG-29"支点"战斗机结构图

MiG-29"支点"战斗机在高空飞行

「衍生型号」

MiG-29
预备量产型，1983年开始服役。

MiG-29B
华约外销型，配有低档的雷达及电子战设备，没有核武器投放能力。

MiG-29K
海军型，除加装折翼、尾勾与强化的新起落架外，大致与MiG-29M同。

苏联/俄罗斯 MiG-31"捕狐犬"截击机

MiG-31（米格-31）"捕狐犬"（Foxhound，北约代号）截击机是苏联米高扬设计局研制的双座全天候截击机，1975年9月首次试飞，1981年5月开始服役。该机于1994年停产，总产量约500架。时至今日，MiG-31截击机仍然在俄罗斯空军和哈萨克斯坦空军中服役。

与MiG-25截击机相比，MiG-31截击机的机头更粗、翼展更大，增加了锯齿前缘，进气口侧面带附面层隔板，换装推力更大的发动机并加强机体结构，以适应低空超音速飞行。此外，增加了外挂点，攻击火力大大加强。MiG-31截击机在机腹右侧装有1门23毫米GSh-6-23机炮（备弹800发），理论射速可达每分钟10000发。除机炮外，该机还可发射R-33（AA-9"阿摩司"）、R-37（AA-13"箭"）、R-60（AA-8"蚜虫"）、R-73（AA-11"射手"）和R-77（AA-12"蟒蛇"）等空对空导弹。

MiG-31战斗机准备起飞

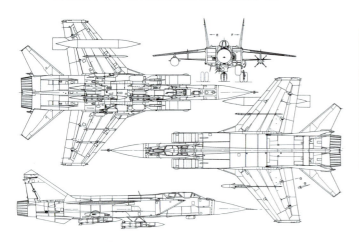

MiG-31"捕狐犬"截击机结构图

基本参数

机身长度：	22.69米
机身高度：	6.15米
翼展：	13.46米
最大起飞重量：	46200千克
最大速度：	3000千米/小时
最大航程：	3000千米

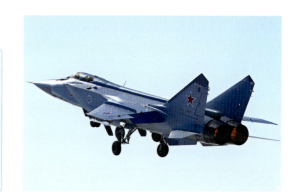

MiG-31"捕狐犬"截击机侧后方视角

MiG-31"捕狐犬"截击机降落

【战地花絮】

MiG-31截击机可以实行多种长程任务。苏联解体后，保养费用大减，许多航空团不能正常维修MiG-31截击机，因此到了1996年时，只有约20%尚可使用。直到2006年，随着俄罗斯经济的好转，俄军已经可以维持约75%的MiG-31截击机，长期保持可使用状态。

俄罗斯 MiG-35 "支点" F 战斗机

MiG-35（米格-35）"支点"F（Fulcrum-F，北约代号）战斗机是米高扬设计局研制的多用途喷气式战斗机，2007 年首次试飞，在战机世代上为第四代战机。

MiG-35 战斗机的设计目标是不进入敌方的反导弹区域，对敌方地上和水上的高精准武器进行有效打击。该机配备了"智能化座舱"，装有液晶多功能显示屏。MiG-35 战斗机的航空电子设备比较先进，装备了全新的相控阵雷达，其火控系统中还整合了经过改进的光学定位系统，可在关闭机载雷达的情况下对空中目标实施远距离探测。机载武器方面，该机配有 1 门 30 毫米机炮，用于携带导弹和各型航弹的外挂点为 9 个，总载弹量为 6000 千克。

【战地花絮】

在印度的 130 架军机采购案中，MiG-35 战斗机一度入选，但 2011 年印度宣布将采购欧洲战机，这导致 MiG-35 战斗机的批量生产计划一度被取消。2015 年 2 月，俄罗斯官方宣布 MiG-35 战斗机列装俄罗斯军队以应对克里米亚危机后西方的围堵，MiG-35 将有第四半代战斗机性能，并利用轻型低成本特性量产。

MiG-35 "支点" F 战斗机结构图

MiG-35 "支点" F 战斗机高速飞行

基本参数
机身长度：17.3 米
机身高度：4.7 米
翼展：12 米
最大起飞重量：29700 千克
最大速度：2600 千米/小时
最大航程：3100 千米

MiG-35 "支点" F 战斗机在高空飞行

满载武器的 MiG-35 "支点" F 战斗机

苏联/俄罗斯 Su-15 "细嘴瓶" 截击机

Su-15（苏-15）"细嘴瓶"（Flagon，北约代号）截击机是苏联苏霍伊设计局研制的双发截击机，1962年5月首次试飞，1965年开始服役，总产量为1290架。冷战结束后，Su-15截击机于1993年全面从俄罗斯空军除役。

Su-15截击机装备1门23毫米双管机炮，备弹200发。机翼下共有4个外挂点，可挂装R-9（AA-3"阿纳布"）红外制导或雷达制导空对空导弹、R-60（AA-8"蚜虫"）红外制导近距空对空导弹，还可挂载其他武器或副油箱。动力装置为2台R-13-300涡轮喷气发动机，单台最大推力约65千牛，加力推力为70千牛。Su-15截击机在作战半径上略有不足，其他方面都被证明是极其优秀的。

Su-15"细嘴瓶"截击机后方视角

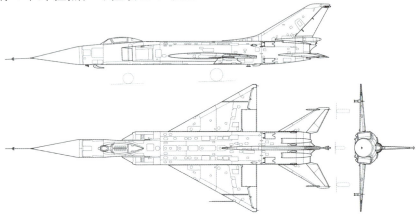
Su-15"细嘴瓶"截击机结构图

Su-15"细嘴瓶"截击机侧前方视角

基本参数
- 机身长度：19.56米
- 机身高度：4.84米
- 翼展：9.34米
- 最大起飞重量：17900千克
- 最大速度：2230千米/小时
- 最大航程：1700千米

【战地花絮】

有人认为，Su-15截击机与尤里·阿列克谢耶维奇·加加林（苏联宇航员，进入太空的第一人）的死亡有直接关系。1968年，一架Su-15截击机从加加林驾驶的MiG-15战斗机上方数米处飞过，双方几乎撞上，使加加林坠机弹射身亡（加加林死亡的可能性原因之一）。

Su-15"细嘴瓶"截击机在高空飞行

苏联/俄罗斯 Su-27"侧卫"战斗机

Su-27（苏-27）"侧卫"（Flanker,北约代号）战斗机是苏联苏霍伊设计局研制的单座双发重型战斗机，1977年5月首次试飞，1985年开始服役。该机除了执行空中优势任务的机型之外，还有其他执行多种任务的衍生型。该系列战斗机总产量约800架，出口到印度、印度尼西亚、越南和马来西亚等国。

Su-27战斗机属于第四代战机，主要假想敌是美制F-15战斗机，设计要求是航程远、载弹量大以及很高的操控灵活性。该机采用翼身融合体技术，悬壁式中单翼，翼根外有光滑弯曲前伸的边条翼，双垂尾正常式布局，楔型进气道位于翼身融合体的前下方，有很好的气动性能。Su-27战斗机装有1门30毫米GSh-30-1机炮，备弹150发。该机可携带的导弹包括R-27（AA-10"白杨"）空对空导弹、R-73（AA-11"射手"）空对空导弹等，还可携带多种炸弹。

【战地花絮】

"眼镜蛇动作"是Su-27战斗机最具代表性的机动动作。1989年巴黎航展上，低速冲场的Su-27S猛然抬头，攻角（流体力学名词）达到110度，以机尾朝前的姿态前进约1.5秒而后回到平飞状态，几乎没有高度变化。因这一动作酷似准备攻击前的眼镜蛇，故被称作"眼镜蛇动作"。

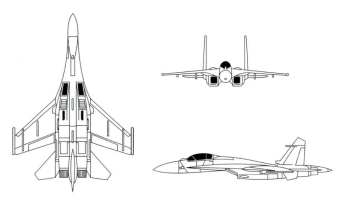

Su-27"侧卫"战斗机结构图

基本参数	
机身长度：	21.9米
机身高度：	5.92米
翼展：	14.7米
最大起飞重量：	33000千克
最大速度：	2500千米/小时
最大航程：	3530千米

Su-27"侧卫"战斗机起飞

仰视Su-27"侧卫"战斗机

Su-27"侧卫"在高空飞行

苏联/俄罗斯 Su-30"侧卫"C 战斗机

Su-30(苏-30)"侧卫"C(Flanker-C,北约代号)战斗机是苏联苏霍伊设计局研制的多用途重型战斗机,1989年12月首次试飞,1996年开始服役,目前仍在继续生产,总产量已超过500架。

Su-30战斗机为双发双座设计,外形与Su-27战斗机非常相似。Su-30战斗机的油箱容量较大,具有长航程的特性,而且还具备空中加油能力。该机具有超低空持续飞行能力、极强的防护能力和出色的隐身性能,在缺乏地面指挥系统信息时仍可独立完成歼击与攻击任务,其中包括在敌方纵深执行战斗任务。

Su-30战斗机装有1门30毫米GSh-30-1机炮,备弹150发。该机共有12个外挂点,可携带R-27ER1(AA-10C)、R-27ET1(AA-10D)、R-73E(AA-11)和RVV-AE(AA-12)等空对空导弹,以及Kh-31P/Kh-31A反辐射导弹、Kh-29T/L激光导引对地导弹等。此外,Su-30战斗机还可携带KAB 500KR、KAB-1500KR、FAB-500T和OFAB-250-270等苏制炸弹。

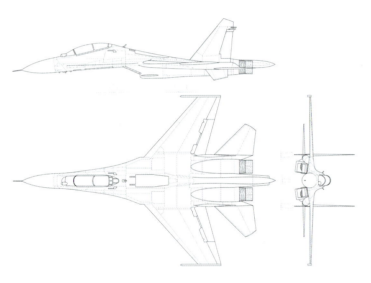

Su-30"侧卫"C 战斗机结构图

Su-30"侧卫"C 战斗机降落

基本参数
机身长度:21.94米
机身高度:6.36米
翼展:14.7米
最大起飞重量:34500千克
最大速度:2120千米/小时
最大航程:3000千米

【战地花絮】

Su-30战斗机能够承担全范围的战术打击任务,包括夺取空中优势、防空作战、空中巡逻及护航、压制敌方防空系统、空中拦截、近距空中支援以及对海攻击等。此外,Su-30战斗机还具备空中早期预警、指挥和调控己方机群进行联合空中攻击的能力。

Su-30"侧卫"C 战斗机在高空飞行

俄罗斯 Su-35 "侧卫" E 战斗机

Su-35（苏-35）"侧卫" E（Flanker-E，北约代号）战斗机是苏霍伊航空集团（苏联解体后由苏霍伊设计局与其他几家公司合并而来）研制的单座双发多用途重型战斗机，它在 Su-27 战斗机基础上深度改进而来，属于第四代半战斗机。其原型机 Su-27M 于 1988 年 6 月首次试飞，正式命名为 Su-35 后于 2008 年 2 月首次试飞。2014 年 2 月，Su-35 战斗机正式进入俄罗斯空军服役。

除了三翼面设计带来的绝佳气动力性能，Su-35 战斗机最大的亮点在于航空电子设备，着力提升自动化、计算机化、人性化、指挥能力等，与同时期西方研发的新世代战机的航空电子设计理念相同。大幅提升航空电子性能的结果是重量增加，必须有其他改良才能避免机动性、加速性和航程的下降。因此，Su-35 战斗机除了使用前翼提升操控性外，还装备更大推力的发动机，主翼与垂尾内的油箱也相应增大。整体来说，Su-35 战斗机在机动性、加速性、结构效益、航空电子性能各方面都全面优于 Su-27 战斗机。

Su-35 "侧卫" E 战斗机在高空飞行

Su-35 "侧卫" E 战斗机结构图

Su-35 "侧卫" E 战斗机降落

基本参数	
机身长度：21.9 米	机身高度：5.9 米
翼展：15.3 米	最大起飞重量：34000 千克
最大速度：2390 千米/小时	最大航程：4500 千米

俄罗斯 Su-47 "小木桶" 战斗机

Su-47（苏-47）"小木桶"（Firkin，北约代号）战斗机是苏霍伊航空集团研发的超音速试验机，原编号 S-37，俄方称为"金雕"（Golden Eagle）。该机于 1997 年 9 月 25 日首次试飞，2000 年 1 月投入使用，基本上是用于科技展示，为俄罗斯下一代战斗机打基础。

Su-47 战斗机的机身横截面为椭圆形，全机主要由钛铝合金制造，复合材料的比例为 13%。该机采用前掠机翼设计，有明显的机翼翼根边条和较长的机身边条，从而大幅降低阻力并减少雷达反射信号。Su-47 战斗机在亚音速飞行时有着极高的灵敏度，能够快速地改变迎角与飞行路径，在超音速飞行时也可保持高机动性。Su-47 战斗机的高转向率能让飞行员迅速地将战斗机转向下个目标，并展开导弹攻击。该机装有 1 门 30 毫米 GSh-30-1 机炮，并有 14 个外挂点，可挂载大量导弹和炸弹等武器。

基本参数

- 机身长度：22.6 米
- 机身高度：6.3 米
- 翼展：16.7 米
- 最大起飞重量：35000 千克
- 最大速度：2600 千米/小时
- 最大航程：4000 千米

【战地花絮】

自 2002 年编号改为 Su-47 之后，外界纷纷猜测该机即将进入量产，但很可能需在量产前进行大幅修改，且最终推出的设计方案也不一定会继续使用 Su-47 这个编号。不过，在俄罗斯空军确定采用 Su-57 战斗机为下一代战斗机后，Su-47 战斗机就停止了研发。

Su-47 "小木桶" 战斗机侧面视角

Su-47 "小木桶" 战斗机在高空飞行

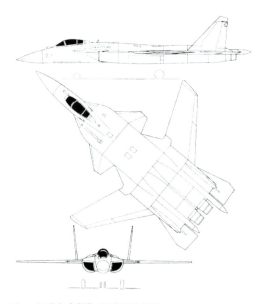

Su-47 "小木桶" 战斗机结构图

俄罗斯 Su-57 战斗机

Su-57 战斗机是由俄罗斯联合航空制造公司旗下苏霍伊航空集团主导，在未来战术空军战斗复合体（PAK FA）计划下开发、生产的高性能多用途战机。作为俄罗斯空军第一种第五代战斗机，该机于 2020 年 12 月正式服役。

Su-57 战斗机的隐身手段主要靠大量使用复合材料、采用优异的气动布局和抑压发动机等实现，其雷达、光学及红外线特征都较小。不过据称 Su-57 战斗机的隐身性能比美国 F-22 战斗机要差，但比 F-22 战斗机有更高的机动性。目前，Su-57 战斗机的详细资料仍然处于保密状态。不过俄罗斯军方宣称 Su-57 战斗机拥有隐形性能，并具备超音速巡航的能力，且配备有主动电子扫描雷达及人工智能系统，能满足下一代空战、对地攻击及反舰作战等任务的需要。

Su-57 战斗机装有 1 门 30 毫米 GSh-30-1 机炮，备弹 150 发。该机内部有 10 个挂点，外部有 6 个挂点，可携带 R-73（AA-11"射手"）空对空导弹、R-77（AA-12"蟒蛇"）空对空导弹、X-29T/L 空对地导弹、X-59M 空对地导弹、X-31P/A 空对舰导弹和 KAB-500/1500 制导炸弹等武器。

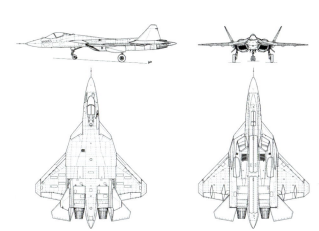

Su-57 战斗机结构图

基本参数	
机身长度：	19.8 米
机身高度：	4.8 米
翼展：	14 米
最大起飞重量：	37000 千克
最大速度：	2600 千米/小时
最大航程：	5500 千米

【战地花絮】

2002 年，苏霍伊在融合 Su-47 和 MiG-1.44（MiG-1.44 是俄罗斯为与美国竞争第五代战斗机而研发的，后来米高扬设计局因资金问题，只生产出 1 架技术验证机）两款机型的技术后，制造出了 Su-57 原型机，最初命名为 T-50。虽然 Su-57 的研制计划比 F-22 还早两年，但由于经费紧缺，其首飞时间（2010 年 1 月）晚了 20 年。

Su-57 战斗机在高空飞行

Su-57 战斗机正面视角

Su-57 战斗机起飞

德国福克 D.Ⅶ 战斗机

福克 D.Ⅶ（Fokker D.Ⅶ）战斗机是德国福克飞机公司在一战中研制的单发单座双翼战斗机，1918年1月首次试飞，总产量约3300架。

福克 D.Ⅶ战斗机采用熔焊钢管机身框架，悬梁机翼等福克引以为豪的设计。该机的主要武器是2挺7.92毫米机枪，动力装置为1台梅赛德斯 D.Ⅲ战斗机发动机。自1918年5月装备第1战斗机联队的福克 D.Ⅶ战斗机首次出现在前线后，这种飞机就被公认为参战双方最好的战斗/侦察机，号称能将优秀飞行员变成王牌飞行员，并为随后十年的所有新手们定下了王牌飞行员标准。

【战地花絮】

一战结束后，协约国在投降条款中规定德国必须交出所有幸存的福克 D.Ⅶ战斗机，这无疑是对这款战斗机优异性能的最佳诠释。

基本参数

机身长度：6.95米	机身高度：2.75米
翼展：8.9米	最大起飞重量：906千克
最大速度：189千米/小时	最大升限：6000米

福克 D.Ⅶ战斗机示意图

福克 D.Ⅶ战斗机侧面视角

现代仿制的福克 D.Ⅶ战斗机

德国 Bf 110 战斗机

Bf 110 战斗机是德国巴伐利亚飞机制造厂研制的双发重型战斗机，1936 年 5 月首次试飞，1937 年开始服役，一直在德国空军服役到二战结束，其总产量为 6170 架。除了执行长程战斗机与驱逐轰炸机的任务外，Bf 110 战斗机也是德国夜间战斗机的主要机种之一。

Bf 110 战斗机采用全金属结构、半硬壳机身和低悬臂梁，配有 2 个方向舵与 2 台戴姆勒·奔驰 DB 600A 发动机，机翼具有前沿槽孔设计。DB 601A 水冷式发动机的单台功率为 1085 千瓦。该机的机载武器为 2 门 20 毫米 MG 151 机炮、4 挺 7.92 毫米 MG 17 机枪和 1 挺 7.92 毫米 MG 812 后射机枪。

基本参数	
机身长度：	12.3米
机身高度：	3.3米
翼展：	16.3米
最大起飞重量：	7790千克
最大速度：	595千米/小时
最大航程：	900千米

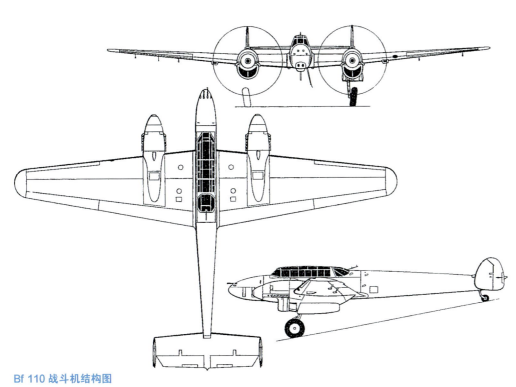

Bf 110 战斗机结构图

Bf 110 战斗机快速飞行

仰视 Bf 110 战斗机

【战地花絮】

Bf 110 战斗机在波兰战役、挪威战役与法国战役中均表现出众，但在夺取英伦三岛制空权的不列颠空战中完全暴露出其敏捷性低劣的问题，许多 Bf 110 飞行联队损失惨重，被迫退出日间作战改作为夜间战斗机。战争后期，Bf 110 被改良成一款专职的夜间战斗机，成为夜战部队的主力。

德国 Fw 190 战斗机

Fw 190 战斗机是德国福克-沃尔夫飞机制造厂（Focke-Wulf Flugzeugbau AG）研制的单座单发战斗机，1939年6月1日首次试飞，1941年8月开始服役，总产量约20000架。

Fw 190 战斗机采用当时螺旋桨战斗机的常规布局：全金属下单翼、单垂尾、单发布局，全封闭玻璃座舱，可收放后三点式起落架等。该机的机头较粗，而机尾尖细，机身背部拱起部分是个透明的滑动开启的座舱盖，其后方机身背脊向下倾斜，故下视和后视的视界良好。Fw 190 战斗机的不同型号使用了不同的发动机，既有水冷发动机，也有气冷发动机，这在德国诸多战斗机中非常少见。该机的典型机载武器为2门20毫米机炮和2挺13毫米机炮，另可携带1枚500千克炸弹。

Fw 190 战斗机侧面视角

Fw 190 战斗机结构图

基本参数

机身长度：10.2米
机身高度：3.35米
翼展：10.5米
最大起飞重量：4840千克
最大速度：685千米/小时
最大航程：835千米

博物馆中的 Fw 190 战斗机

Fw 190 战斗机高空飞行

【战地花絮】

Fw 190 战斗机适合担负多种任务，包括制空战斗、对地攻击、近接支援、目视侦照、战斗机护航等，甚至还有少数的夜间战斗机与改装后携挂鱼雷的反舰型号。许多德军飞行员驾驶 Fw 190 战斗机成为王牌飞行员，如艾里希·鲁道菲尔、奥图·基特尔和怀尔特·诺沃特尼等，他们声称很大多数的战果都是在驾驶 Fw 190 战斗机时所取得的。

德国 Ta 152 战斗机

Ta 152 战斗机是德国福克－沃尔夫飞机制造厂在二战末期研制的高空高速活塞战斗机,由 Fw 190 战斗机发展而来。该机于 1945 年 1 月开始服役,总产量不到 50 架。由于 1943 年 10 月德国航空部决定"新战斗机的名称将包含其主任设计者名称",因此 Ta 152 战斗机没有按旧例编号为 Fw,而是以其主任设计者库尔特·谭克(Kurt Tank)的名字命名。

与 Fw 190 战斗机相比,Ta 152 战斗机主要换装了超高空用的发动机、增压座舱以及大纵横比的机翼。Ta 152 战斗机装有 1 门 30 毫米 MK108 机炮(备弹 90 发)和 2 门 20 毫米 MG151/20 机炮(各备弹 175 发),动力装置为容克斯 Jumo 213E-1 水冷发动机。

基本参数

机身长度:10.82米	机身高度:3.36米
翼展:14.44米	最大起飞重量:5217千克
最大速度:759千米/小时	最大航程:2000千米

【战地花絮】

由于诞生时期偏晚,生产数量太少,Ta 152 战斗机并未在战争中发挥太大作用。不过,该机优秀的性能仍然获得了认可,它与美国 P-51H 战斗机、英国"喷火"ⅩⅣ战斗机一起被誉为终极活塞式战斗机,其各项飞行性能已经接近活塞式战斗机的极限。

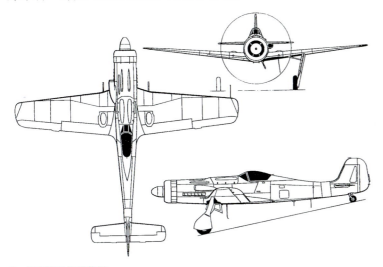

Ta 152 战斗机结构图

Ta 152 战斗机高空飞行

Ta 152 战斗机前方视角

欧洲"狂风"战斗机

"狂风"（Tornado）战斗机是由德国、英国和意大利联合研制的双发战斗机，1974年8月14日首次试飞，1979年开始服役，总产量为992架。

"狂风"战斗机采用串列式双座、可变后掠悬臂式上单翼设计。后机身内并排安装两台 RB199-34R Mk 103 涡轮风扇发动机（由德国、英国和意大利三国组建的合资公司研制），进气道位于翼下机身两侧。在后机身上部两侧各装有一块减速板，可在高速飞行中使用。"狂风"战斗机有多个型号，武器各有差异。以 IDS GR.4 型为例，其机载武器除27毫米毛瑟 BK-27 机炮外，机身和机翼下的7个挂架可挂载各种导弹、炸弹或火箭弹，包括 AIM-9 "响尾蛇"空对空导弹、AIM-132 空对空导弹、AGM-65 "小牛"空对地导弹和 JP233 反跑道炸弹等。

基本参数
- 机身长度：16.72米
- 机身高度：5.95米
- 翼展：13.91米
- 最大起飞重量：28000千克
- 最大速度：2417千米/小时
- 最大航程：3890千米

【战地花絮】

"狂风"战斗机由帕那维亚飞机公司（Panavia Aircraft GmbH）设计和生产，该公司由来自德国的梅赛施密特公司、来自英国的英国宇航公司和来自意大利的阿蓝尼亚宇航公司三家欧洲军火商集结而成。

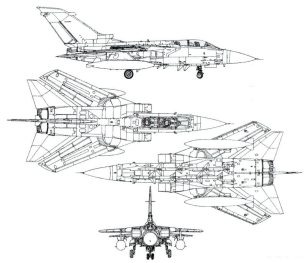
"狂风"战斗机结构图

"狂风"战斗机在跑道滑行

"狂风"战斗机在高空飞行

"狂风"战斗机尾部

欧洲"台风"战斗机

"台风"(Typhoon)战斗机是由欧洲战斗机公司(Eurofighter Jagdflugzeug GmbH)研制的双发多功能战斗机。该公司由数家欧洲飞机制造公司于1986年组成,而"台风"战斗机的相关研发计划则在1979年就已展开。"台风"战斗机于1994年3月首次试飞,2003年8月开始服役,主要用户为英国、德国、意大利、澳大利亚、沙特阿拉伯、西班牙和阿曼等国的空军。

与其他现代战机相比,"台风"战斗机最独特之处在于有四条不同公司生产线,其各自专精生产一部分零件供所有飞机,最后负责组装自己所在国的最终成品飞机。"台风"战斗机采用鸭式布局,矩形进气口位于机身下。机翼、机身、机翼、腹鳍、方向舵等部位大量采用碳纤维复合材料。该机机动性强,具有短距起落能力和部分隐身能力。"台风"战斗机装有1门27毫米毛瑟BK-27机炮,备弹150发。机身和机翼下共有13个外挂点,可携带AIM-9"响尾蛇"空对空导弹、AIM-120"监狱"空对空导弹、AIM-132先进短程空对空导弹、"流星"空对空导弹、IRIS-T空对空导弹、AGM-65"小牛"空对地导弹、AGM-88"哈姆"反辐射导弹、联合直接攻击炸弹和"铺路"系列制导炸弹等武器。

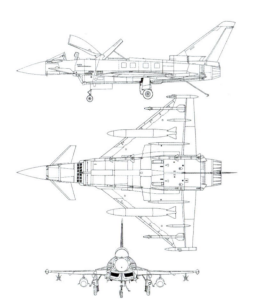

"台风"战斗机结构图

基本参数
机身长度:15.96米
机身高度:5.28米
翼展:10.95米
最大起飞重量:23500千克
最大速度:2495千米/小时
最大航程:2900千米

"台风"战斗机起飞

高速飞行中的"台风"战斗机

阿拉伯联合酋长国装备的"台风"战斗机

瑞典 SAAB 29 "圆桶" 战斗机

SAAB 29 "圆桶"（Tunnan）战斗机是瑞典萨博公司研制的单发单座轻型喷气式战斗机，1948 年 9 月首次试飞，1950 年开始服役，总产量为 661 架，主要用户为瑞典空军和奥地利空军。

SAAB 29 战斗机的机载武器为 4 门 20 毫米机炮，翼下有 4 个挂架，可携带 Rb 24 空对空导弹、75 毫米空对空火箭弹、150 毫米高爆火箭弹等武器。由于主起落架距地高度太低，SAAB 29 战斗机的机腹下无法挂载武器设备，也就没有安装机腹挂架。该机的动力装置为 1 台 RM2A 喷气发动机，加力推力 27.5 千牛。虽然外形不佳，但 SAAB 29 战斗机的机动性能颇为优秀。

SAAB 29 "圆桶" 战斗机在高空飞行

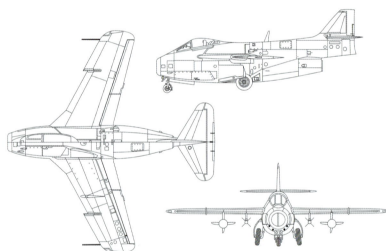

SAAB 29 "圆桶" 战斗机结构图

基本参数
- 机身长度：11米
- 机身高度：3.75米
- 翼展：10.23米
- 最大起飞重量：8375千克
- 最大速度：1060千米/小时
- 最大航程：1100千米

SAAB 29 "圆桶" 战斗机前方视角

瑞典 SAAB 35 "龙"式战斗机

SAAB 35 "龙"式（Draken）战斗机是瑞典萨博公司研制的多用途超音速战斗机，1955年10月首次试飞，1960年3月开始服役，主要用户为瑞典空军、奥地利空军、芬兰空军和丹麦空军。直到2005年，SAAB 35战斗机才从奥地利空军退役。

SAAB 35战斗机采用特殊的无尾、双三角翼翼身融合体布局，三角形的发动机进气口布置在翼根部，采用大后掠垂直尾翼，并在其前方设有一个小型三角形天线，有利于避免失速。第一种生产型安装了2门30毫米M-55阿登机炮，可以携带Rb 24、Rb 27和Rb 28空对空导弹，还可携带各种重量的炸弹。

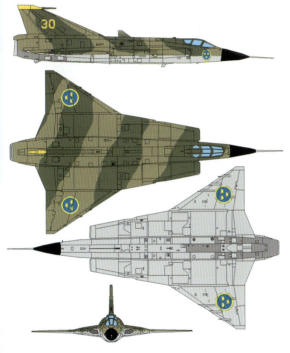
SAAB 35 "龙"式战斗机结构图

SAAB 35 "龙"式战斗机侧前方视角

基本参数
机身长度：15.34米
机身高度：3.87米
翼展：9.42米
最大起飞重量：10508千克
最大速度：1900千米/小时
最大航程：3250千米

SAAB 35 "龙"式战斗机侧面视角

SAAB 35 "龙"式战斗机后方视角

瑞典 JAS 39"鹰狮"战斗机

JAS 39"鹰狮"（Gripen）战斗机是瑞典萨博公司研制的单发多功能战机，其中 JAS 是瑞典语中的"Jakt"（对空战斗）、"Attack"（对地攻击）、"Spaning"（侦察）的缩写。该机于 1988 年 12 月首次试飞，1997 年 11 月开始服役，主要用户为瑞典、捷克、匈牙利、泰国和南非等国的空军。

JAS 39 战斗机使用鸭形翼（前翼）与三角翼组合成近距耦合鸭式布局，结构上广泛采用复合材料。该机的出厂成本只有"台风"战斗机或"阵风"战斗机的三分之一，但同样具有良好的机敏性和较小的雷达截面，较小的机身也降低了飞机的耗油率。JAS 39 战斗机装有 1 门 27 毫米毛瑟 BK-27 机炮，备弹 120 发。机身和机翼下共有 8 个外挂点，可携带 AIM-9"响尾蛇"空对空导弹、AIM-120"监狱"空对空导弹、"流星"空对空导弹、KEPD-350 空对地导弹、AGM-65"小牛"空对地导弹、RBS-15 反舰导弹、"铺路"系列制导炸弹和 Mk 80 系列无导引炸弹等武器。

基本参数
- 机身长度：14.1米
- 机身高度：4.5米
- 翼展：8.4米
- 最大起飞重量：14000千克
- 最大速度：2204千米/小时
- 最大航程：3200千米

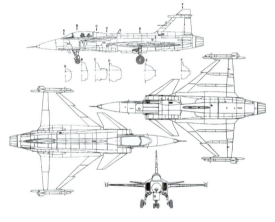

JAS 39"鹰狮"战斗机结构图

JAS 39"鹰狮"战斗机编队飞行

「衍生型号」

JAS 39A/B

早期生产型，JAS 39A 为单座型，JAS 39B 为双座型。

JAS 39C/D

在 JAS 39A/B 基础上进行了整体强化的改进型，最大差别为增加了软管给油方式的空中加油装置。JAS 39C 为单座型，JAS 39D 为双座型。

JAS 39E/F

最新改进型，性能提升较大，但造价也大幅上涨。JAS 39E 为单座型，JAS 39F 为双座型。

南非"猎豹"战斗机

"猎豹"(Cheetah)战斗机是南非阿特拉斯飞机公司(Atlas Aircraft Corporation)在法国"幻影"Ⅲ战斗机基础上改进而来的单发单座战斗机,1986年开始服役。

除了一个加长的机鼻外,"猎豹"战斗机在气动布局方面的修改包括:机鼻两侧装上可以防止在"高攻角"下脱离偏航的水平边条,一对固定在进气道的三角鸭翼,锯齿形外翼前缘,以及代替前缘翼槽的短翼刀。双座机型也会在驾驶舱下两侧加上曲线边条。机体结构上的修改着重于延长主翼梁的最低寿命。

"猎豹"战斗机装有2门30毫米机炮,各备弹125发。此外,该机还可携带"蟒蛇"空对空导弹、R-Darter空对空导弹、马特拉R.530空对空导弹、68毫米火箭弹等武器。

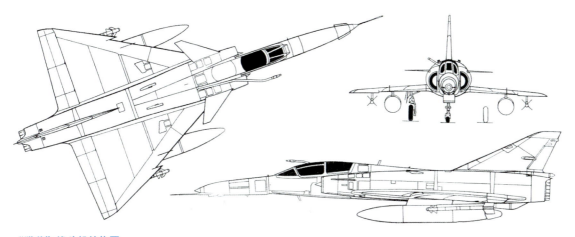
"猎豹"战斗机结构图

基本参数
机身长度:15.55米
机身高度:4.5米
翼展:8.22米
最大起飞重量:13700千克
最大速度:2350千米/小时
最大航程:1300千米

"猎豹"战斗机侧面视角

南非空军博物馆中的"猎豹"战斗机

以色列"幼狮"战斗机

"幼狮"(Kfir)战斗机是以色列飞机工业有限公司研制的单座单发战斗机,1973年首次试飞,1976年开始服役,总产量约220架。

"幼狮"战斗机机身采用全金属半硬壳结构,前机身横截面的底部比法国"幻影"5战斗机更宽更平,机头锥用以色列国产的复合材料制成。"幼狮"C2型在机头锥靠近尖端的两侧各装有一小块水平边条,这个边条可以有效改善偏航时的机动性能和大迎角时机头上的气流。前机身下的前轮舱的前方装有超高频天线。在C2型的后期生产批次中,改用了性能更加先进的EL/M-2001B雷达,因此机头加长,前翼也加大,主翼前襟翼的翼展增加40%。

"幼狮"战斗机装有2门30毫米机炮,各备弹140发。除机炮外,该机还可携带AIM-9"响尾蛇"空对空导弹、AGM-65"小牛"空对地导弹、JL-100无导引火箭弹、Mk 80系列无导引炸弹、"铺路"系列炸弹等武器。

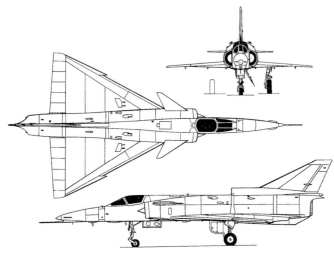

"幼狮"战斗机结构图

基本参数

机身长度:15.65米	机身高度:4.55米
翼展:8.22米	最大起飞重量:16200千克
最大速度:2440千米/小时	最大航程:3232千米

【战地花絮】

20世纪60年代末,法国为保持中立,对以色列实行禁运。由于以色列空军得不到新飞机的补充,以色列决定依靠自己的力量制造"幻影"战斗机的零部件,并以此为基础研制出了新的"幼狮"战斗机。

"幼狮"战斗机高空飞行

加拿大 CF-100 "加拿大人" 截击机

CF-100 "加拿大人"（Canuck）截击机是阿弗罗加拿大公司设计的喷气式截击机，主要用户为加拿大空军，比利时空军也有装备。该机于1952年开始服役，在加拿大空军中一直服役到1981年。

二战结束后，冷战随即到来，加拿大军方认为苏联轰炸机极有可能袭击加拿大，因此迫切需要一种喷气式截击机来拦截苏联轰炸机。1946年阿弗罗加拿大公司提出设想，1949年完成第一架原型机，1950年1月首次试飞，随即开始批量生产，总产量为692架。CF-100截击机的机载武器为8挺12.7毫米机枪，动力装置为2台Orenda 9发动机，单台推力为28.9千牛。

"幼狮"战斗机借助减速伞减速

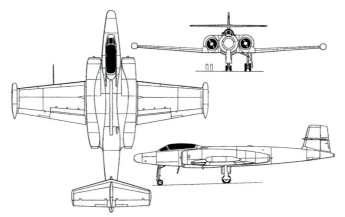

CF-100 "加拿大人" 截击机结构图

基本参数	
机身长度：	16.5米
机身高度：	4.4米
翼展：	17.4米
最大起飞重量：	16329千克
最大速度：	888千米/小时
最大航程：	3200千米

CF-100 战斗机高空飞行

CF-100 "加拿大人" 截击机侧面视角

意大利 G.91 战斗机

G.91 战斗机是意大利菲亚特公司应北约要求而研制的轻型喷气式战斗机,也是意大利在二战后自行研制的第一种喷气式战斗机。该机于 1956 年 8 月首次试飞,1958 年开始服役,总产量为 770 架。除意大利外,德国、希腊和葡萄牙等国也有装备,美国也曾少量购入用于评估。

G.91 战斗机采用 1 台英制布里斯托尔·西德利"俄耳甫斯"803 喷气式发动机,推力为 22.2 千牛。机载武器为机头的 4 挺 12.7 毫米勃朗宁 M2 重机枪,还可挂载火箭弹和炸弹等武器。联邦德国使用的型号将 4 挺重机枪换成了两门 30 毫米机炮。

基本参数	
机身长度:10.3米	机身高度:4米
翼展:8.58米	最大起飞重量:5500千克
最大速度:1075千米/小时	最大航程:1150千米

【战地花絮】

G.91 战斗机在外形上酷似美国 F-86D 战斗机,飞行机动性优秀而且维修简易,可执行空战和轰炸等各种任务,意大利空军"三色箭"飞行表演队曾使用 G.91 战斗机作为表演用机。

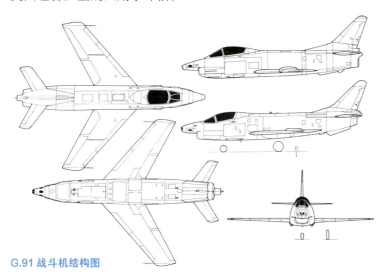
G.91 战斗机结构图

意大利装备的 G.91 战斗机

德国装备的 G.91 战斗机

埃及 HA-300 战斗机

HA-300 战斗机是埃及研制的轻型超音速战斗机，1964 年 3 月首次试飞，1969 年开始服役。该机的设计者为德国著名飞机设计师威利·梅塞施密特，他在二战结束后进入西班牙西斯潘诺公司工作，在完成 HA-200 喷气式教练机的研制后便开始设计 HA-300 战斗机，该项目于 1960 年被转交给埃及，原型机于 1964 年 3 月首次试飞，同年开始批量生产。

HA-300 战斗机最初是一架无尾三角翼布局的飞机，动力装置为 1 台布里斯托尔"俄耳甫斯"703 涡喷发动机。转交埃及之后，工程师修改了气动布局，在机身后部安装了水平尾翼。修改后的 HA-300 战斗机在外形上与苏联 MiG-21 战斗机相似，其机载武器为 2 门 30 毫米西斯潘诺机炮，并可携带 4 枚空对空导弹。

HA-300 战斗机侧后方视角

HA-300 战斗机前方视角

基本参数
机身长度：12.4 米
机身高度：3.15 米
翼展：5.84 米
最大起飞重量：5443 千克
最大航程：1400 千米
实用升限：18000 米

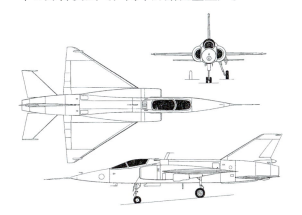
HA-300 战斗机结构图

日本 Ki-43 "隼"式战斗机

Ki-43 "隼"式（Hayabusa）战斗机是日本中岛飞机公司研制的单发单座战斗机，1939 年 1 月首次试飞，1941 年 10 月开始服役，总产量为 5919 架。除日本陆军航空兵使用外，二战时泰国皇家空军也有装备。二战后，法国和印度尼西亚也通过不同途径使用过"隼"式战斗机。

"隼"式战斗机主要用于替代中岛飞机公司此前研制的 Ki-27 战斗机。当时日本军方要求该机的最大速度为 500 千米/小时，并能够在 5 分钟内爬升到 5000 米高度，续航距离必须超过 800 千米。该机在整体设计上除了加入可收放式起落架设计以外，基本结构大多与 Ki-27 战斗机相同。"隼"式战斗机装备 2 挺 12.7 毫米 Ho-103 机枪，并可携带 2 枚 250 千克炸弹。

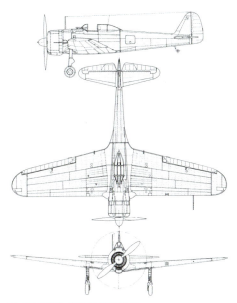
Ki-43 "隼"式战斗机结构图

基本参数

机身长度：8.92米

机身高度：3.27米

翼展：10.84米

最大起飞重量：2925千克

最大速度：530千米/小时

最大航程：1760千米

博物馆中的Ki-43"隼"式战斗机

Ki-43"隼"式战斗机侧面视角

日本Ki-84"疾风"战斗机

Ki-84"疾风"（Hayate）战斗机是日本中岛飞机公司研制的单座单发战斗机，1943年3月首次试飞，同年开始批量生产并服役，总产量为3514架。

"疾风"战斗机综合吸收了"隼"式战斗机、"钟馗"战斗机等旧日本陆军航空兵战斗机的制造技术，在中、低空高度有较强的机动性能，被认为是二战时期最出众的日本战斗机。"疾风"战斗机的主要特征有以下几点：着陆速度低，非常容易着陆；翼载荷达170千克/平方米；地面维护简便；机炮性能可靠；具备良好的爬升率、平飞速度和较强的火力。该机的机载武器为2门20毫米机炮和2挺12.7毫米机枪，并可携带2枚250千克炸弹。

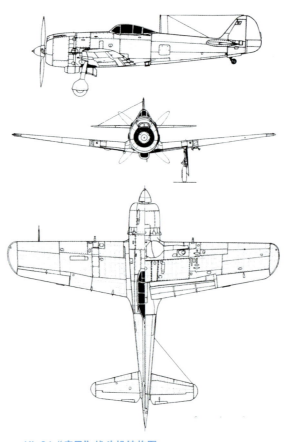

Ki-84"疾风"战斗机结构图

基本参数

机身长度：9.92米

机身高度：3.39米

翼展：11.24米

最大起飞重量：3890千克

最大速度：631千米/小时

最大航程：2168千米

现代仿制的Ki-84"疾风"战斗机

Ki-84"疾风"战斗机编队

日本 F-1 战斗机

F-1 战斗机是日本三菱重工和富士重工联合研制的单座双发战斗机,也是日本自行设计的第一种超音速战斗机。该机于 1975 年 6 月首次试飞,1978 年 4 月开始服役,总产量为 77 架。2006 年 3 月,F-1 战斗机从日本航空自卫队退役。

F-1 战斗机装有 1 门 20 毫米 JM61A1 机炮(备弹 750 发),另有 5 个外挂点,可挂载副油箱、炸弹、火箭、导弹等,总载弹量为 2710 千克。动力装置为 2 台 TF40-IHI-801A 涡扇发动机,单台推力为 35.6 千牛。F-1 战斗机典型的作战任务为携带 2 枚 ASM-1 反舰导弹及 1 个 830 千克副油箱,进行反舰任务,作战半径为 550 千米。

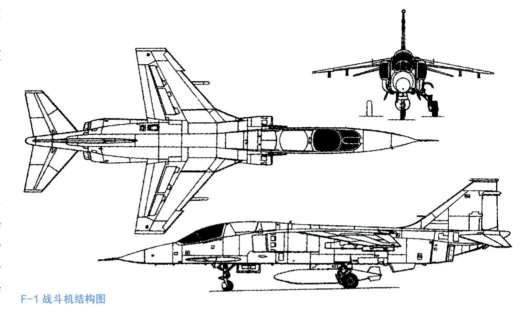
F-1 战斗机结构图

基本参数
机身长度:17.85米
机身高度:4.45米
翼展:7.88米
最大起飞重量:13700千克
最大速度:1700千米/小时
最大航程:2870千米

F-1 战斗机侧面视角

F-1 战斗机前方视角

日本 F-2 战斗机

F-2 战斗机是日本三菱重工与美国洛克希德·马丁公司合作研制的战斗机。1987 年 11 月，美日两国签订协议，由日本政府出资，以美国 F-16 战斗机为样本，共同研制一种适用于日本国土防空的新型战斗机。起初这种飞机的研制型号被称为 FS-X，后来正式定名为 F-2 战斗机。1995 年 10 月，首批 4 架原型机开始试飞。F-2 原本计划于 1999 年服役，但因试飞期间机翼出现断裂事故而推迟到 2000 年。

由于 F-2 战斗机是以美国 F-16C/D 战斗机为蓝本设计的，所以其动力设计、外形和搭载武器等方面都吸取了不少 F-16 的优点。但为了突出日本国土防空的特点，该机又进行了多处改进，其中包括：采用先进的材料和构造技术，使 F-2 机身前部加长，从而能够搭载更多的航空电子设备；配有全自动驾驶系统，机翼大量采用吸波材料以降低雷达探测特征等。F-2 战斗机装有 1 门 JM61A1 "火神" 机炮（备弹 512 发），并可携带 8000 千克导弹和炸弹等武器。

F-2 战斗机结构图

F-2 战斗机侧前方视角

F-2 战斗机在高空飞行

基本参数
机身长度：	15.52米
机身高度：	4.96米
翼展：	11.13米
最大起飞重量：	18100千克
最大速度：	2469千米/小时
最大航程：	4000千米

【战地花絮】

F-2 战斗机的主要任务为对地打击和反舰作战，搭配先进的电子作战系统及雷达侦测系统，也能适应空对空作战，有 "平成零战"（平成时期的 "零" 式战机）之称。

印度 "无敌" 战斗机

"无敌"（Ajeet）战斗机是印度斯坦航空公司在英国 "蚊蚋" 战斗机基础上改进而来的单座单发战斗机，1976 年 9 月首次试飞，1977 年开始服役，总产量为 89 架。

基本参数
机身长度：	9.04米
机身高度：	2.46米
翼展：	6.73米
最大起飞重量：	4173千克
最大速度：	1152千米/小时
最大航程：	172千米

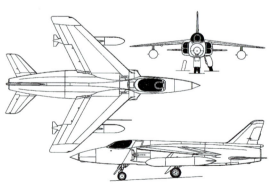

"无敌" 战斗机结构图

"无敌"战斗机虽然外形与"蚊蚋"战斗机相同,但部件有40%不同,机重也增加136千克,称得上是一种新的战斗机。"无敌"战斗机强化了控制平尾的液压系统,增加主翼内的整体油箱并重新安排机身油箱,总容量达1350升,主翼下的4个挂架可全挂炸弹以增强对地攻击力,机体寿命由"蚊蚋"战斗机的5000小时增加到8350小时。由于任务的变化,"无敌"战斗机的火控设备也全部更新。

博物馆中的"无敌"战斗机

"无敌"战斗机侧前方视角

印度"光辉"战斗机

"光辉"(Tejas)战斗机是印度斯坦航空公司研制的轻型战斗机,该项目早在1983年就已经开始,但受国力及航空科技水平的限制,研制工作进展缓慢。到2001年1月4日首架试验机升空时,印度已耗资6.75亿美元。该项目进度一再延误,直到2013年12月才开始服役。

"光辉"战斗机大量采用了先进的复合材料,这不但有效地降低了飞机的自重和成本,而且加强了飞机在近距缠斗中对高过载的承受能力。机体复合材料、机载电子设备以及相应软件都具有抗雷击能力,这使得"光辉"战斗机能够实施全天候作战。此外,该机还具备一定的隐身性能。"光辉"战斗机的外形并没有采用隐身设计,由于"光辉"战斗机机体极小,且大量采用复合材料,进气道的"Y"形设计遮挡住涡轮叶片的因素使得"光辉"拥有了所谓的"隐身"性能。值得一提的是"光辉"战斗机配有空中受油装置,一定程度上提高了其续航力。

"光辉"战斗机结构图

基本参数
机身长度:13.2米
机身高度:4.4米
翼展:8.2米
最大起飞重量:13300千克
最大速度:2205千米/小时
最大航程:3000千米

"光辉"战斗机起飞

"光辉"战斗机在高空飞行

第3章 火力支援——空军攻击机/战斗轰炸机

攻击机主要用于从低空、超低空突击敌战术或浅近战役纵深内的目标,直接支援地面部队作战。战斗轰炸机是一种兼有战斗机与轻型轰炸机特点的作战飞机,与攻击机有一定的相似之处,但两者也存在较大的区别。本章主要介绍一战以来世界各国研制的重要攻击机和战斗轰炸机。

美国 A-7 "海盗" II 攻击机

A-7 "海盗"（Corsair）II 攻击机是美国林-特姆科-沃特飞机公司（Ling-Temco-Vought）研制的轻型攻击机，用于取代 A-4 "天鹰" 攻击机。该机于 1965 年 9 月首次试飞，1967 年 2 月开始服役，总产量为 1569 架。虽然该机原本仅针对美国海军航母操作而设计，但因其性能优异，后来也被美国空军及国民警卫队使用。除美国外，A-7 攻击机也外销泰国、希腊和葡萄牙等国。

基本参数

机身长度：	14.06米
机身高度：	4.9米
翼展：	11.8米
最大起飞重量：	19050千克
最大速度：	1111千米/小时
最大航程：	1981千米

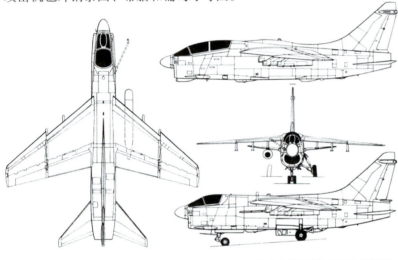

A-7 "海盗 II" 攻击机结构图

「衍生型号」

A-7A
第一种量产机型，装备美国海军，一共生产了 199 架。

A-7B
换装推力更大的发动机，并采用新型的 AN/APQ-116 导航雷达。

TA-7C
为美国海军所发展的双座教练型。

第 3 章　火力支援——空军攻击机/战斗轰炸机　077

A-7 攻击机的机体设计源自于 F-8 "十字军"超音速战斗机，它是第一架配备有现代抬头显示器、惯性导航系统与涡扇发动机的作战机种。A-7A 为第一种量产机型，配备 1 具 AN/APN-153 导航雷达及 1 具 AN/APQ-99 对地攻击雷达。早期美国海军的 A-7A 均配有 2 门 20 毫米机炮与 500 发弹药，而美国空军版本改为 1 门 M61 "火神"机炮。虽然 A-7 攻击机理论上的最大载弹量为 6804 千克，但受到最大起飞重量的限制，一旦采用最大载弹量则必须严格限制内装油量。

A-7 "海盗" II 攻击机正在投弹

A-7 "海盗" II 攻击机侧前方视角

「衍生型号」

A-7D

美国空军所采用的第一种 A-7 攻击机，改用 TF41-A-1 涡扇发动机，固定武器改为 1 门 M61 "火神"机炮。

A-7E

基于空军 A-7D 标准而发展的海军舰载机版本，换装了雷达。

A-7K

美国空中国民警卫队的双座教练机版本。

美国 A-4 "天鹰" 攻击机

A-4 "天鹰"（Skyhawk）攻击机是美国道格拉斯飞机公司研制的单座攻击机，1954年6月首次试飞，1956年10月开始服役，总产量为2960架。该机在美国主要作为舰载攻击机使用，仅装备美国海军和海军陆战队。不过，新加坡、新西兰、以色列、阿根廷、印度尼西亚、科威特和马来西亚等国的空军也装备了A-4攻击机。

A-4攻击机采用1台普惠J52-P-408A发动机，最大推力为38千牛。A-4攻击机执行攻击任务时，最大作战半径可达530千米。机头左侧带有空中受油设备，在进行空中加油之后，作战半径和航程都有较大的增加。A-4攻击机机翼根部下侧装有2门20毫米Mk 12火炮，每门备弹200发。机上有5个外挂点，机身下和两翼下各有1个武器挂架，可挂载普通炸弹、空对地导弹和空对空导弹，最大载弹量4150千克。

美国海军陆战队A-4攻击机编队飞行

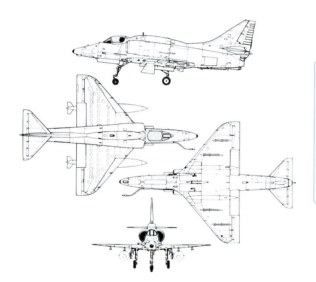
A-4 "天鹰" 攻击机结构图

基本参数
- 机身长度：12.22米
- 机身高度：4.57米
- 翼展：8.38米
- 最大起飞重量：11136千克
- 最大速度：1083千米/小时
- 最大航程：3220千米

新加坡空军装备的A-4攻击机

【战地花絮】

1955年10月26日，一架早期生产型A-4A攻击机在爱德华空军基地上空500千米圆周航线上飞出了时速1118.67千米的世界速度纪录。该机设计精巧，造价低廉，载弹量大，维护简单，出勤率高，在几次局部战争中都有上佳的表现。

以色列空军装备的A-4攻击机

美国 A-10 "雷电" Ⅱ 攻击机

A-10 "雷电"（Thunderbolt）Ⅱ 攻击机是美国费尔柴德公司研制的双发单座攻击机，1972年5月首次试飞，1977年3月开始服役，总产量为716架。在经过升级和改进之后，预计一部分 A-10 攻击机将会在美国空军服役至2028年。

A-10 攻击机的机翼面积大、展弦比高，并拥有大的副翼，因此在低空低速时有优异的机动性。高展弦比也使 A-10 攻击机可以在相当短的跑道上起飞及降落，并能在接近前线的简陋机场运作，因此可以在短时间内抵达战区。A-10 攻击机的滞空时间相当长，能够长时间盘旋于任务区域附近并在300米以下的低空执行任务。执行任务时，其飞行速度一般都相对较低，以便发现、瞄准及攻击地面目标。

A-10 攻击机使用两台通用电气 TF34-GE-100 涡扇发动机，单台推力为40.32千牛。固定武器为1门30毫米 GAU-8/A "复仇者" 机炮，备弹1350发。该机有11个外挂点（机翼下8个，机身下3个），总挂载量达7260千克，可携带多种导弹、炸弹和火箭弹等武器。

满载武器的 A-10 "雷电" Ⅱ 攻击机

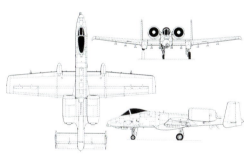
A-10 "雷电" Ⅱ 攻击机结构图

A-10 "雷电" Ⅱ 攻击机正面视角

A-10 "雷电" Ⅱ 攻击机在高空飞行

基本参数
机身长度：16.26米
机身高度：4.47米
翼展：17.42米
最大起飞重量：23000千克
最大速度：706千米/小时
最大航程：4150千米

【战地花絮】
"雷电" Ⅱ 的绰号来自于二战时期表现出色的 P-47 "雷电" 战斗轰炸机。不过，相对于 "雷电" 这个名称而言，A-10 攻击机更常被美军昵称为 "疣猪"（Warthog）或简称 "猪"（Hog）。

A-10 "雷电" Ⅱ 攻击机起飞

美国 A-37 "蜻蜓" 攻击机

A-37"蜻蜓"（Dragonfly）攻击机是美国赛斯纳飞机公司以 T-37"鸣鸟"教练机为基础开发的单座双发攻击机，1963年11月首次试飞，同年开始批量生产，总产量为577架。除美国外，哥伦比亚、厄瓜多尔、萨尔瓦多、智利、韩国和泰国等国家也有装备，其中韩国空军曾将 A-37 攻击机作为表演机。

A-37 攻击机的低空机动性较好，其动力装置为 2 台通用电气 J85-EG-17A 发动机，单台推力 12.7 千牛。该机的机载武器为 1 挺 7.62 毫米 GAC-2B/A 六管机枪，射速 3000～6000 发/分，备弹 1500 发。翼下 8 个挂架可挂载各种导弹、炸弹和火箭巢，最大载弹量 2100 千克。

A-37"蜻蜓"攻击机示意图

A-37"蜻蜓"攻击机降落

A-37 攻击机及其挂载武器

基本参数
机身长度：8.62米
机身高度：2.7米
翼展：10.93米
最大起飞重量：6350千克
最大速度：816千米/小时
最大航程：1480千米

【战地花絮】

美国空军曾使用 A-37 攻击机参加20世纪60年代后期的亚洲局部战争，凭借优异的低空机动性和高出击率，该机在战争中发挥了极大威力。此后，美国空军把 A-37 攻击机用于作为二线空军的空军国民警卫队，直至1992年才退役。

A-37 攻击机高空飞行

美国 AC-47 "幽灵" 攻击机

AC-47 "幽灵"（Spooky）攻击机是美国道格拉斯飞机公司以 C-47 运输机为基础改进而来的中型攻击机，1965 年开始服役，总产量为 53 架。除美国空军外，越南、老挝、印度尼西亚、菲律宾和哥伦比亚等国家的空军也有装备。

基本参数
机身长度：19.6 米
机身高度：5.2 米
翼展：28.9 米
最大起飞重量：14900 千克
最大速度：375 千米/小时
最大航程：3500 千米

【战地花絮】
AC-47 攻击机是一系列"空中炮艇"（Gunship）的首创之作，除了正式代号"幽灵"外，它还有个较为亲密的昵称"魔法龙帕夫"（源自一首 1963 年时发表的美国流行歌曲）。

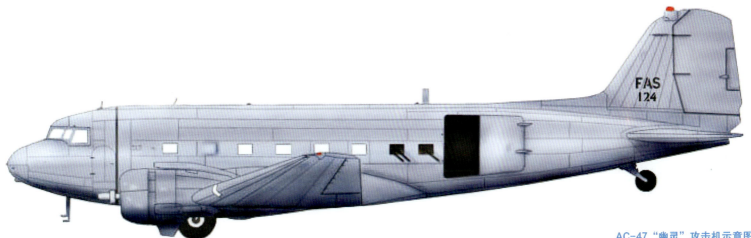
AC-47 "幽灵" 攻击机示意图

AC-47 攻击机的固定武器为 3 挺 7.62 毫米通用电气 GAU-2 机枪或 10 挺 7.62 毫米勃朗宁 M2 机枪，还可携带 48 枚 Mk 24 减速照明弹，能为地面部队提供有效的近距空中支援。美军使用 AC-47 攻击机的战术一般是采用双机编队，1 架 AC-47 攻击机投放照明弹，掩护另一架 AC-47 攻击机进行攻击。Mk 24 减速照明弹的亮度很强，发光持续时间可达 3 分钟。由于火力强大，续航时间长，一架 AC-47 攻击机便可以封锁相当大的地域。

AC-47 攻击机侧面视角

AC-47 "幽灵" 攻击机在高空飞行

航展上的 AC-47 "幽灵" 攻击机

美国 AC-119 攻击机

AC-119 攻击机是美国费尔柴德公司在 C-119 运输机基础上改装的新一代"空中炮艇",有 AC-119G"暗影"(Shadow)和 AC-119K"蜇刺"(Stinger)两种型号。该机于 1968 年开始服役,总产量为 52 架,主要用户为美国空军。

C-119"飞行车厢"运输机采用上单翼结构,有利于在机身侧面布置武器。改装后的 AC-119 在机身左侧安装了 2 门 20 毫米 M61A1 机炮和 4 挺 7.62 毫米 SUU-11/A 机枪,经过实战检验后,飞行员对 7.62 毫米机枪更为青睐,因为与 20 毫米机炮相比,飞机可以携带更多的小口径机枪弹药。AC-119 攻击机还可携带 60 枚 Mk 24 减速照明弹,并在机身左侧安装了 1 部 AVQ-8 氙探照灯,机身右侧安装了 LAU-74A 照明弹发射器,有利于夜间作战。

基本参数	
机身长度:	26.36米
机身高度:	8.12米
翼展:	33.31米
最大起飞重量:	28100千克
最大速度:	335千米/小时
最大航程:	3100千米

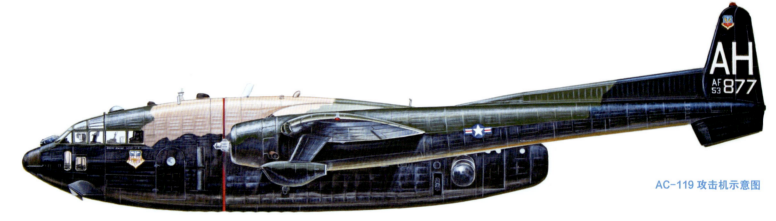

AC-119 攻击机示意图

基地中的 AC-119 攻击机

AC-119 攻击机在高空飞行

AC-119 攻击机侧面视角

美国 AC-130 攻击机

AC-130 攻击机是美国洛克希德公司以 C-130 "大力神"运输机为基础改装而成的"空中炮艇"机种，1966 年首次试飞，1968 年开始服役，总产量 43 架。迄今为止，AC-130 攻击机共出现过四种不同的版本，分别是洛克希德负责改装的 AC-130A/E/H，以及洛克威尔负责改装的 AC-130U。

AC-130 攻击机装有各种不同口径的机炮，乃至于后期机种所搭载的博福斯炮或榴弹炮等重型火炮，对于零星分布于地面、缺乏空中火力保护的部队有致命性的打击能力。最新的 AC-130U 使用 4 台艾里逊 T56-A-15 发动机，机载武器包括 1 门侧向的博福斯 40 毫米 L/60 速射炮与 M102 型 105 毫米榴弹炮。原本在 AC-130H 上的 2 门 20 毫米 M61 "火神"机炮被 1 门 25 毫米 GAU-12 机炮所取代，拥有 3000 发弹药，射程超过 3657 米。

基本参数	
机身长度：	29.8 米
机身高度：	11.7 米
翼展：	40.4 米
最大起飞重量：	69750 千克
最大速度：	480 千米/小时
最大航程：	4070 千米

AC-130 攻击机示意图

AC-130 攻击机侧前方视角

AC-130 攻击机的部分机载武器

「衍生型号」

AC-130A
第一种型号，装有 4 门 20 毫米 M61 "火神"机炮和 4 挺 7.62 毫米多管机炮。

AC-130E
改进型，装甲更好、载弹量更大，航空电子设备也更优秀。

AC-130H
在 AC-130E 基础上进一步改进，换装升级版的艾里逊 T56-A-15 发动机。

AC-130U
20 世纪 80 年代中期发展的新型号，1990 年 12 月 20 日首次试飞。

美国 F-117 "夜鹰" 攻击机

F-117 "夜鹰"（Nighthawk）攻击机是美国洛克希德公司研制的隐身攻击机，1981年6月18日首次试飞，1983年10月开始服役，总产量为64架。1988年11月10日，美国空军首次公布了该机的照片。

F-117攻击机由2台通用电气F404无后燃气型涡扇发动机提供动力，单台推力为48千牛。为了达到隐身目的，该机牺牲了30%的发动机效率，并采用了一对高展弦比的机翼。由于需要向两侧折射雷达波，F-117攻击机还采用了很高的后掠角的后掠翼。为了降低电磁波的发散和雷达截面积，F-117攻击机没有配备雷达。该机有两个内部武器舱，几乎能携带任何美国空军军械库内的武器，包含B-61核弹。少数的炸弹因为体积太大或与F-117攻击机的系统不相容而无法携带。

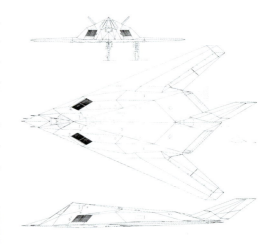

F-117 "夜鹰" 攻击机结构图

在高空飞行的 F-117 攻击机

利用减速伞减速的 F-117 攻击机

正在进行空中加油的 F-117 攻击机

基本参数

机身长度：20.09米
机身高度：3.78米
翼展：13.20米
最大起飞重量：23800千克
最大速度：993千米/小时
最大航程：1720千米

【战地花絮】

F-117攻击机在科索沃战争和伊拉克战争中表现出色，任务完成能力较强。该机使用的是20世纪70年代末的科技成果，虽然隐身技术比不上B-2、F-22、F-35等最新战机，但也比其他大部分美军飞行器先进，然而，该机的维护工作很重，而小平面隐身技术也已被更先进的技术超过。因此，美国空军在2008年提前将F-117攻击机退役。

美国 P-47"雷电"战斗轰炸机

P-47"雷电"（Thunderbolt）战斗轰炸机是由美国共和飞机公司制造的单发战斗轰炸机，是美国陆军航空队在二战中后期的主力战机之一。该机的产量极高，除美国陆军航空队外，也有其他盟军空军部队使用。

P-47 战斗轰炸机的设计理念是马力大、火力强、装甲厚，装有功率达 1890 千瓦的普惠 R-2800"双黄蜂"发动机，并配有涡轮增压器，以保证发动机在高空仍拥有巨大输出。P-47 战斗轰炸机的翼形为椭圆形，机翼前方有液压操作的开缝式小翼，机翼后方有电动襟翼以帮助从俯冲中拉起。P-47 战斗轰炸机在俯冲时的速度极快，且机身结构坚固、不易解体，因此擅长采取高速俯冲的战术。该机左右机翼各有 4 挺 12.7 毫米勃朗宁 M2 重机枪，能在俯冲攻击时提供强劲的火力。此外，还可挂载 1130 千克炸弹和火箭弹。

P-47 战斗轰炸机在高空航行

P-47 战斗轰炸机（上）与 P-51 战斗机（下）

P-47"雷电"战斗轰炸机侧面视角

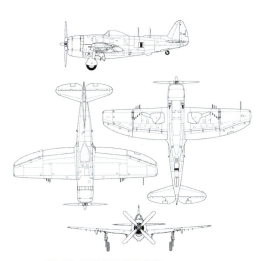
P-47"雷电"战斗轰炸机结构图

基本参数
机身长度：11.02米
机身高度：4.44米
翼展：12.44米
最大起飞重量：8800千克
最大速度：689千米/小时
最大航程：2736千米

【战地花絮】

P-47 战斗轰炸机于 1942 年 9 月首先被派往西北欧战场，第一个装备 P-47 的部队是美国陆军航空队第 56 战斗机大队（56th Fighter Group）。战争结束后，该大队以 1:8 的交换比，取得欧洲战区最优异的战斗机大队战绩。

美国 F-105 "雷公" 战斗轰炸机

F-105 "雷公"（Thunderchief）战斗轰炸机是由美国共和飞机公司研制的战斗轰炸机，也是美国空军第一种超音速战斗轰炸机。该机于1955年10月22日首次试飞，1958年装备部队。1984年，所有F-105战斗轰炸机均退出现役。

F-105 "雷公" 战斗轰炸机示意图

F-105战斗轰炸机采用全金属半硬壳式结构，悬臂式中单翼。全动式平尾的位置较低，用液压操纵。动力装置为1台J75-P-19W涡轮喷气发动机，加力推力为109千牛。F-105前机身左侧装有1门20毫米的6管机炮，备弹1029发。该机的内部武器舱很大，可载1枚1000千克或4枚110千克的炸弹或核弹。此外，翼下有4个挂架，机腹下有1个挂架，可按各种方案携带核弹、常规炸弹、AGM-12空对地导弹和AIM-9空对空导弹等。

仰视 F-105 "雷公" 战斗轰炸机

F-105 "雷公" 战斗轰炸机侧前方视角

F-105 "雷公" 战斗轰炸机在高空飞行

基本参数

机身长度：19.63米
机身高度：5.99米
翼展：10.65米
最大起飞重量：23834千克
最大速度：2208千米/小时
最大航程：3550千米

【战地花絮】

F-105虽然是战斗轰炸机，但主要用于对地攻击，空战性能较差。1964年，美国军方对F-105B进行了特殊改装，开始了在"雷鸟"飞行表演队的短暂飞行。但仅六次表演之后，由于机身结构承受过载过大而发生了一次重大事故，表演飞机不得不又换回F-100 "超佩刀" 战斗机。

美国 F-111 "土豚" 战斗轰炸机

F-111 "土豚"（Aardvark）是美国通用动力公司研制的战斗轰炸机，1967年7月开始服役。除美国空军外，澳大利亚空军也曾装备。

美国空军和美国海军都曾参与F-111项目，前者的需求是一架能够全天候、以低空高速进行远程攻击的战术轰炸机，后者的需求则是一架能够长时间滞空的舰队防空用截击机。但是开发中的许多问题导致舰载截击机版本的设计（F-111B）没有实现，F-111战斗轰炸机最后仅为空军采用。该机拥有诸多当时的创新技术，包括几何可变翼、后燃器、涡轮扇发动机和低空地形追踪雷达等。

F-111战斗轰炸机采用了双座、双发、上单翼和倒T形尾翼的总体布局形式，起落架为前三点式。该机通常装备2台TF30-P-3加力涡轮风扇发动机，单台加力推力为112千牛。武器系统包括机身弹舱和8个翼下挂架，可携带普通炸弹、导弹和核弹。

F-111战斗轰炸机编队飞行

F-111战斗轰炸机正面视角

基本参数
- 机身长度：22.4米
- 机身高度：5.22米
- 翼展：19.2米
- 最大起飞重量：44896千克
- 最大速度：2655千米/小时
- 最大航程：5950千米

【战地花絮】
F-111战斗轰炸机曾参加海湾战争。在整场战争之中，该机的任务达成率高于美军其他机种，平均在4.2个攻击任务中仅有1个未成功任务。参战的66架F-111F投掷了整场战役中80%的精准激光导引弹药，共计击毁超过1500辆伊拉克军的装甲车辆。

F-111战斗轰炸机起飞

英国"掠夺者"攻击机

"掠夺者"（Buccaneer）攻击机是英国布莱克本公司研制的双发双座攻击机，1958年4月首次试飞，1962年7月开始服役，主要用户为英国皇家海军、英国皇家空军和南非空军。

"掠夺者"攻击机没有安装固定机炮，只有4个外挂点和1个旋转弹仓。旋转弹仓可携带4枚454千克Mk 10炸弹，4个外挂点可携带AIM-9"响尾蛇"空对空导弹、AS-37"玛特拉"反辐射导弹、"海鹰"反舰导弹、"玛特拉"火箭荚舱、制导炸弹等武器。该机的动力装置为2台劳斯莱斯RB.168-1A"斯贝"101涡扇发动机，单台推力49千牛。

【战地花絮】

"掠夺者"攻击机设计于20世纪50年代中期，曾是60年代英国海军的"杀手锏"之一。它在英国皇家海军和空军服役了数十年，在1990年的海湾战争中表现突出，其服役时间之长远远超过了设计者的期望值。

"掠夺者"攻击机示意图

基本参数
机身长度：19.33米
机身高度：4.97米
翼展：13.41米
最大起飞重量：28000千克
最大速度：1074千米/小时
最大航程：3700千米

"掠夺者"攻击机编队飞行

"掠夺者"攻击机从军舰起飞

英国 / 法国 "美洲豹" 攻击机

"美洲豹"（Jaguar）攻击机是由英国和法国联合研制的双发多用途攻击机。1968年9月，首架原型机"美洲豹"A型在法国试飞成功，"美洲豹"B型则于1971年8月试飞成功，同年首架批量生产型也试飞成功。该机于1973年6月交付英国皇家空军，1975年5月交付法国空军。除英国和法国外，印度、阿曼、尼日利亚和厄瓜多尔等国家也有装备。

虽然"美洲豹"攻击机是由英、法合作研发，但两国在许多规格与装备采用上却不尽相同。如英国版使用2台劳斯莱斯RT172发动机，法国版使用2台透博梅卡"阿杜尔"MK 102发动机，两种版本的航空电子设备也有所不同。机载武器方面，两种版本都装有2门30毫米机炮，并可挂载4500千克导弹和炸弹等武器。

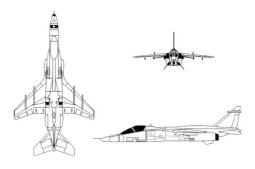

"美洲豹"攻击机结构图

基本参数	
机身长度：	16.8米
机身高度：	4.9米
翼展：	8.7米
最大起飞重量：	15700千克
最大速度：	1699千米/小时
最大航程：	3524千米

降落后的"美洲豹"攻击机

正在爬升的"美洲豹"攻击机

"美洲豹"侧前方视角

法国"超军旗"攻击机

"超军旗"(Super Étendard)攻击机是法国达索航空公司研制的舰载攻击机,1974年10月首次试飞,1978年6月开始服役。该机的主要用户为法国海军航空兵,另外阿根廷海军航空队也曾少量购买,伊拉克空军于1983~1985年借贷了5架。

"超军旗"攻击机采用45度后掠角中单翼设计,翼尖可以折起,机身呈蜂腰状,立尾的面积较大,后掠式平尾装在立尾的中部。该机装有2门30毫米德发机炮,机身挂架可挂250千克炸弹,翼下4个挂架每个可携400千克炸弹,右侧机翼可挂1枚AM-39"飞鱼"空对舰导弹,还可挂R.550"魔术"空对空导弹或火箭弹等武器。该机的动力装置为1台斯奈克玛"阿塔"8K-50发动机,推力为49千牛。

基本参数	
机身长度:	14.31米
机身高度:	3.85米
翼展:	9.6米
最大起飞重量:	11500千克
最大速度:	1180千米/小时
最大航程:	3400千米

"超军旗"攻击机结构图

"超军旗"攻击机侧面视角

"超军旗"攻击机从军舰上起飞

"超军旗"攻击机在高空飞行

法国"幻影"V战斗轰炸机

"幻影"（Mirage）V战斗轰炸机是法国达索航空公司研制的单座单发战斗轰炸机，1967年5月首次试飞，总产量为582架。除法国空军外，比利时、埃及和巴基斯坦等国家的空军也有装备。

"幻影"V战斗轰炸机主要用于对地攻击，也可执行截击任务。该机是在"幻影"ⅢE战斗机基础上改型设计的，采用其机体和发动机，加长机鼻，简化电子设备，增加470升燃油，提高外挂能力，可在简易机场起落。武器装备为2门30毫米机炮，7个外挂点的载弹量达4000千克。动力装置为1台"阿塔"9C涡轮喷气发动机，加力推力达60.8千牛。

"幻影"V战斗轰炸机返回基地

"幻影"V战斗轰炸机在高空飞行

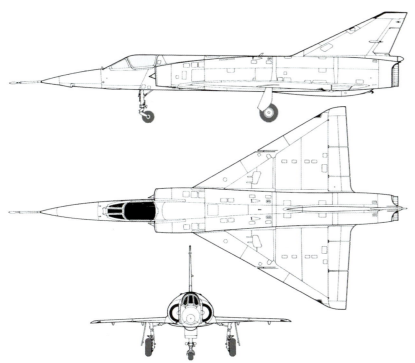

"幻影"V战斗轰炸机结构图

"幻影"V战斗轰炸机侧后方视角

基本参数	
机身长度：15.55米	机身高度：4.5米
翼展：8.22米	最大起飞重量：13700千克
最大速度：2350千米/小时	最大航程：4000千米

苏联 Su-7 "装配匠" A 战斗轰炸机

Su-7（苏-7）"装配匠" A（Fitter-A）战斗轰炸机是苏联苏霍伊设计局于 20 世纪 50 年代研制的喷气式战斗轰炸机，1955 年 9 月首次试飞，1959 年开始服役，总产量为 1847 架。

Su-7 战斗轰炸机有较高的推重比，中高空机动性能较好。不过，Su-7 战斗轰炸机对跑道要求较高，早期机型不能在野战机场使用。作为战斗轰炸机，Su-7 没有装备雷达，只有简单的航空电子系统。Su-7 战斗轰炸机的固定武器为 2 门 30 毫米机炮（每门备弹 30 发），还可携带火箭弹、炸弹等执行对地支援任务。Su-7 战斗轰炸机的后期型号可投放战术核武器，是第一种具备此能力的苏联战机。

基本参数	
机身长度：	16.8 米
机身高度：	4.99 米
翼展：	9.31 米
最大起飞重量：	15210 千克
最大速度：	1150 千米/小时
最大航程：	1650 千米

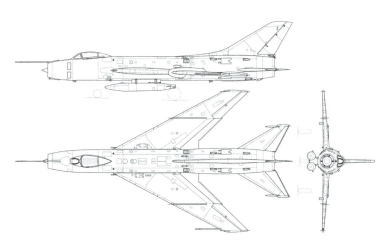
Su-7 "装配匠" A 战斗轰炸机结构图

Su-7 "装配匠" A 战斗轰炸机准备起飞

Su-7 "装配匠" A 战斗轰炸机后方视角

博物馆中的 Su-7 "装配匠" A 战斗轰炸机

苏联/俄罗斯 Su-17"装配匠"攻击机

Su-17（苏-17）"装配匠"（Fitter）攻击机是苏联苏霍伊设计局在Su-7战斗轰炸机基础上发展而来的单发单座攻击机，1966年8月首次试飞，1967年7月在莫斯科附近的多莫杰多沃机场首次公开展示，生产型Su-17C于1971年开始装备苏联空军。除苏联和后继的俄罗斯广泛使用的标准版外，苏霍伊设计局还推出了Su-20和Su-22这两款外销版，被多个国家采用。

Su-17攻击机采用可变后掠翼设计，在进行起降时会把机翼向前张开以减少所需跑道的长度，但在升空后则改为后掠，以维持与Su-7战斗轰炸机相当的空中机动性。Su-17攻击机装有2门30毫米NR-30机炮，另可挂载3770千克炸弹或导弹。动力装置为留利卡AL-21F-3喷气发动机，推力为76.4千牛。

基本参数	
机身长度：	19.02米
机身高度：	5.12米
翼展：	13.68米
最大起飞重量：	16400千克
最大速度：	1860千米/小时
最大航程：	2300千米

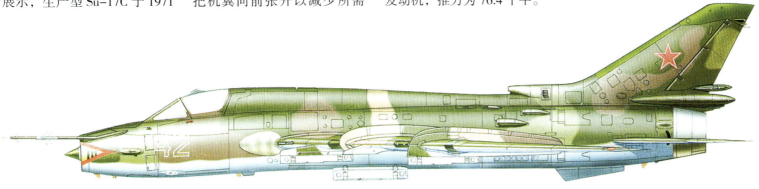
Su-17"装配匠"攻击机示意图

Su-17"装配匠"攻击机起飞

Su-17"装配匠"攻击机前方视角

苏联/俄罗斯 Su-24 "击剑手"攻击机

Su-24（苏-24）"击剑手"（Fencer）攻击机是苏联苏霍伊设计局设计的双座攻击机，1967年7月首次试飞，1974年开始服役，总产量约1400架。

Su-24攻击机是苏联第一种能进行空中加油的攻击机，其机翼后掠角的可变范围为16度~70度，起飞、着陆用16度，对地攻击或空战时为45度，高速飞行时为70度。其机翼变后掠的操纵方式比MiG-23战斗机的手动式先进，但还达不到美国F-14战斗机的水平。Su-24攻击机装有惯性导航系统，飞机能远距离飞行而不需要地面指挥引导，这是苏联飞机能力的新发展。Su-24攻击机装有2门30毫米机炮，机上有8个挂架，正常载弹量为5000千克，最大载弹量为7000千克。除了携带传统的空对地导弹等武器进行攻击任务外，Su-24也可携带小型战术核武器，进行纵深打击。

Su-24"击剑手"攻击机接受检修

Su-24"击剑手"攻击机侧前方视角

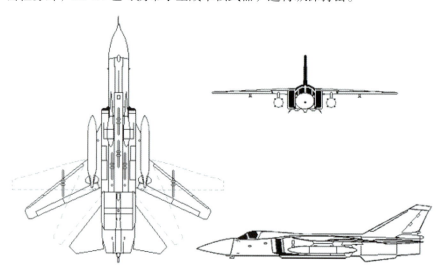
Su-24"击剑手"攻击机结构图

基本参数
机身长度：22.53米
机身高度：6.19米
翼展：17.64米
最大起飞重量：43755千克
最大速度：1315千米/小时
最大航程：2775千米

【战地花絮】

在冷战时期，苏联为了加强对北约的核武器震慑，曾将Su-24攻击机派驻到民主德国与白俄罗斯的前线基地。北约方面，与Su-24攻击机实力相当的机种为英法合制的"美洲豹"攻击机。

Su-24"击剑手"攻击机在高空飞行

苏联 / 俄罗斯 Su-25 "蛙足"攻击机

Su-25（苏-25）"蛙足"（Frogfoot）攻击机是苏联苏霍伊设计局研制的亚音速攻击机，1975年2月首次试飞，1981年7月开始服役，总产量超过1000架。除苏联空军和俄罗斯空军外，安哥拉、亚美尼亚、乍得、保加利亚、白俄罗斯等多个国家也有装备。

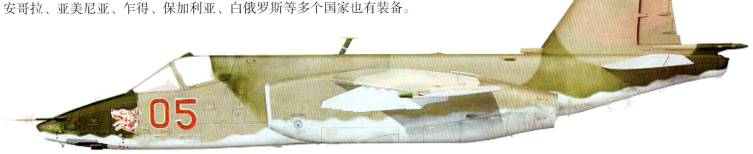

Su-25 "蛙足"攻击机示意图

基本参数	
机身长度：	15.53米
机身高度：	4.8米
翼展：	14.36米
最大起飞重量：	17600千克
最大速度：	975千米/小时
最大航程：	1000千米

Su-25 攻击机（前）和美国空军 C-130 运输机（后）

Su-25 "蛙足"攻击机在高空飞行

Su-25 攻击机能在靠近前线的简易机场上起降，执行近距战斗支援任务。该机装有1门30毫米GSh-30-2机炮（备弹250发），另有11个外挂点可携带4000千克导弹、火箭弹和炸弹等武器。Su-25 攻击机的低空机动性能较好，可在带满弹药的情况下，在低空范围与Mi-24武装直升机协同，配合地面部队作战。此外，该机的防护力也颇为出色，座舱底部及周围有24毫米厚的钛合金防弹板。

【战地花絮】

Su-25 攻击机结构简单，装甲厚重坚固，易于操作维护，适合在前线战场恶劣的环境中进行对已方陆军的直接低空近距支援作战。令 Su-25 攻击机备受关注的是1979年苏联与阿富汗之间的战争，该机在战争中执行大量对地攻击任务，展现出极强的生存能力。

Su-25 攻击机攻击画面

苏联/俄罗斯 Su-34"后卫"战斗轰炸机

Su-34（苏-34）"后卫"（Fullback）战斗轰炸机是苏霍伊设计局研制的双发重型战斗轰炸机，1990年4月13日首次试飞。由于经费原因，原本2002年全面列装的计划不得不推迟。2014年3月，Su-34战斗轰炸机开始进入俄罗斯空军服役，目前总产量100架以上。

Su-34战斗轰炸机是由Su-27战斗机改进而成的，最大特征是其扁平的机头，由于采用了并列双座的设计，使得机头增大，为了减小体积而被设计为扁平。Su-34战斗轰炸机采用了许多先进的装备，包括装甲座舱、液晶显示器、新型数据链、新型火控计算机、后视雷达等。为了适应轰炸任务，该机在座舱外加装了厚达17毫米的钛合金装甲。

Su-34战斗轰炸机装有1门30毫米GSh-30-1机炮（备弹180发），外挂点多达12个，可挂载大量导弹、炸弹和各类荚舱，具备多任务能力。此外，该机还加强了起落架的负载能力，其双轮起落架使其具备在前线野战机场降落的能力，大大增强了作战灵活性。

基本参数

机身长度：	23.34米
机身高度：	6.09米
翼展：	14.7米
最大起飞重量：	45100千克
最大速度：	2000千米/小时
最大航程：	4000千米

Su-34战斗轰炸机空投炸弹

Su-34战斗轰炸机正面视角

降落后的Su-34战斗轰炸机

Su-34战斗轰炸机编队飞行

德国/法国"阿尔法喷气"教练/攻击机

"阿尔法喷气"(Alpha Jet)教练/攻击机是法国达索航空公司和德国道尼尔公司联合研制的,1973年10月首次试飞,1977年11月开始服役。该机有E(教练型)和A(攻击型)两种型别,除法国装备教练型200架,德国装备攻击型175架外,还出口到比利时、墨西哥和埃及等国家,总产量为480架。

"阿尔法喷气"教练/攻击机可携带1门吊舱式30毫米德发机炮或27毫米毛瑟机炮,备弹150发。该机有3个外挂点,可携带空对空导弹、空对地导弹、火箭弹、炸弹等武器,以适应多种任务。"阿尔法喷气"教练/攻击机的动力装置为2台拉扎克O4-C5型涡扇发动机,单台推力13.23千牛。

基本参数	
机身长度:	12.29米
机身高度:	4.19米
翼展:	9.11米
最大起飞重量:	7380千克
最大速度:	1000千米/小时
最大航程:	2940千米

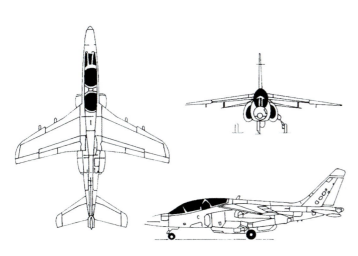

"阿尔法喷气"教练/攻击机结构图

"阿尔法喷气"教练/攻击机返回基地

【战地花絮】

"阿尔法喷气"教练/攻击机的零部件由德国、法国和比利时三国分工完成,其中德国负责机翼外段、尾翼、后段机身和起落架舱门,法国负责前段和中段机身和机翼内段,比利时负责机头雷达罩和襟翼。

"阿尔法喷气"教练/攻击机侧面视角

"阿尔法喷气"教练/攻击机侧前方视角

意大利 MB-339 教练/攻击机

MB-339 教练/攻击机是意大利马基飞机公司为意大利空军研制的，其主要型别包括：MB-339A，双座串列教练/攻击机，1976 年 8 月首飞，1979 年 8 月交付；MB-339B，高级喷气教练机，增加了近距空中支援能力；MB-339K，单座对地攻击型，1980 年 5 月首飞；MB-339C，改进的教练/近距空中支援型，1985 年 12 月首飞。

MB-339 教练/攻击机采用常规气动外形布局，机身为全金属半硬壳结构。驾驶舱为增压座舱，主要型号为串列双座，后座比前座高 32.5 厘米，这样前后座均有良好的视界。该机 6 个翼下挂点共载 1815 千克外挂武器，可挂小型机枪吊舱、集束炸弹、火箭弹、空对空导弹和反舰导弹等。动力装置为 1 台劳斯莱斯"蝮蛇"MK 632 发动机，单台推力 17.8 千牛。

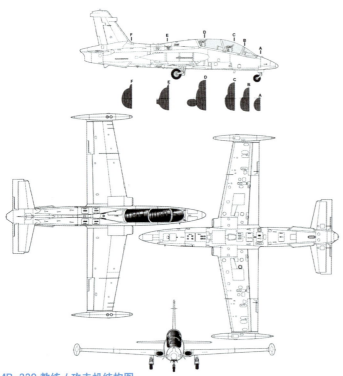

MB-339 教练/攻击机结构图

基本参数
机身长度：10.97 米
机身高度：3.6 米
翼展：10.86 米
最大起飞重量：5897 千克
最大速度：898 千米/小时
最大航程：1760 千米

【战地花絮】
1982 年，意大利空军"三色箭"飞行表演队开始接收 MB-339 作为表演机。

MB-339 教练/攻击机进行飞行表演

MB-339 教练/攻击机侧面视角

意大利/巴西 AMX 攻击机

AMX 攻击机是意大利和巴西联合研制的单座单发轻型攻击机。20 世纪 70 年代中期意大利提出研制攻击机 G91R、G91Y 和战斗机 F-104 后继机的要求，与此同时，巴西也提出研制攻击机 MB-236GB 后继机的 A-X 计划。1980 年，两国达成共同研制 AMX 攻击机的协议。1988 年，AMX 攻击机开始交付两国空军，一共制造了 266 架。

AMX 攻击机主要用于近距空中支援、对地攻击、对海攻击及侦察任务，并有一定的空战能力。该机具备高亚音速飞行和在高海拔地区执行任务的能力，设计时还考虑添加了隐身性，可携带空对空导弹。AMX 攻击机的动力装置为 1 台劳斯莱斯"斯贝"MK807 发动机，单台推力 49.1 千牛。意大利型装 20 毫米 M61A1 多管机炮，巴西型用 1 门 30 毫米德发 554 机炮。

基本参数
机身长度：13.23米
机身高度：4.55米
翼展：8.87米
最大起飞重量：13000千克
最大速度：914千米/小时
最大航程：3336千米

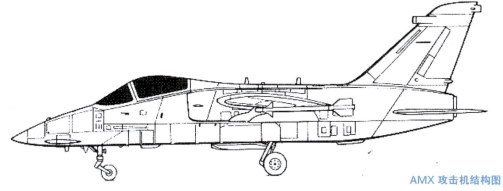
AMX 攻击机结构图

AMX 攻击机起飞

AMX 攻击机侧面视角

AMX 攻击机在高空飞行

瑞典 SAAB 32 "矛"式攻击机

SAAB 32 "矛"式（Lansen）攻击机是瑞典萨博公司研制的双座全天候攻击机，1952 年 11 月首次试飞，1956 年开始服役，总产量为 450 架，主要用户为瑞典空军。

SAAB 32 攻击机的动力装置为 1 台劳斯莱斯"埃汶"RM 6A 加力涡轮喷气发动机，额定推力为 47 千牛。机载武器有 4 门 20 毫米机炮，另可外挂 2 枚 Rb-04C 空对地导弹，或 4 枚 250 千克（或 2 枚 500 千克，或 12 枚 100 千克）炸弹，或 24 枚 135 毫米（或 150 毫米）火箭弹，最大载弹量 1200 千克。

SAAB 32 "矛"式攻击机示意图

基本参数
- 机身长度：14.94 米
- 机身高度：4.65 米
- 翼展：13 米
- 最大起飞重量：13500 千克
- 最大速度：1200 千米/小时
- 最大航程：2000 千米

SAAB 32 "矛"式攻击机在高空飞行

SAAB 32 "矛"式攻击机侧前方视角

「衍生型号」

A-32A
双座全天候攻击型，共生产 280 架，1958 年停产。

J-32B
双座全天候战斗机，1958 年交付使用，共生产 150 架。

S-32C
照相侦察型，1958 年交付使用，共生产 35 架。

瑞典 SAAB 37 "雷"式战斗机

SAAB 37 "雷"式（Viggen）战斗机是瑞典萨博公司研制的多用途战斗机，是瑞典于20世纪60年代提出的"一机多型"设计思想的代表作。该机前后共有6种型别，分别承担攻击、截击、侦察和训练等任务，总产量为329架。AJ37、SF37、SH37和SK37四种型别属于第一代设计，JA37和AJS37属于第二代设计。

SAAB 37 战斗机采用三角形下单翼鸭式布局方式，发动机从机身两侧进气。该机的十多个舱门大部分都分布在机身下方，所有的维护点在地面上均可接近，机务维护人员不需在机身上爬上爬下。更换发动机时，只需将后机身拆下。对地攻击型AJ37也能执行有限的截击任务，装有1门30毫米机炮（备弹150发），还可携带"天闪"空对空飞弹、AIM-9"响尾蛇"空对空导弹、AIM-120先进中程空对空导弹等武器。

基本参数	
机身长度：	16.4米
机身高度：	5.9米
翼展：	10.6米
最大起飞重量：	20000千克
最大速度：	2231千米/小时
最大航程：	2000千米

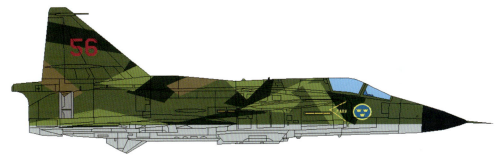
SAAB 37 "雷"式战斗机示意图

SAAB 37 "雷"式战斗机侧面视角

SAAB 37 "雷"式战斗机在高空飞行

SAAB 37 "雷"式战斗机起飞

阿根廷 IA-63 "彭巴" 教练 / 攻击机

IA-63 "彭巴"（Pampa）是阿根廷委托德国多尼尔公司研发的喷气式教练/攻击机。

IA-63 于 1984 年 10 月 6 日首次飞行，1988 年开始服役。该机还有一种改进型，即 AT-63 "彭巴"，于 2004 年 12 月下线。

IA-63 的机身为全金属半硬壳式结构，驾驶舱为典型的纵向双座位设计。机身后方左右各有一块油压推动的减速板，机翼为梯形高翼并有一定下反角，左右翼下各有两个挂架可分别挂上 400 千克武器或副油箱。IA-63 的动力装置为一台盖瑞特 TFE731-2-2N 发动机，机身可载 418 升燃料，机翼内部可载 550 升燃料。

基本参数	
机身长度：	10.93米
机身高度：	4.29米
翼展：	9.69米
最大起飞重量：	5000千克
最大速度：	819千米/小时
最大航程：	1500千米

IA-63 "彭巴" 教练 / 攻击机

空军学员练习驾驶 IA-63

在高空飞行的 IA-63

夕阳余晖下的 IA-63

展览中的 IA-63

捷克 L-159 ALCA 教练 / 攻击机

　　L-159 ALCA 是捷克沃多霍迪公司研制的多功能亚音速教练 / 攻击机。

　　20 世纪 90 年代初，沃多霍迪公司决定改进"信天翁"系列教练机，发展 L-139 教练机，以便获得新的市场销售机会。然而，L-139 并不成功。1997 年 8 月 2 日，在 L-139 双座型基础上研制的首架 L-159 原型机首次试飞。捷克国防部将其命名为"先进轻型作战飞机"（ALCA）。

基本参数
机身长度：12.13米
机身高度：4.77米
翼展：9.46米
最大起飞重量：5670千克
最大速度：755千米/小时
最大航程：1800千米

L-159 ALCA 教练 / 攻击机

L-159 ALCA 采用了悬臂式下单翼，上反角为 2.5 度。翼尖仍然保留固定翼尖油箱，这个设计在现役战斗机中是独一无二的。由于机翼沿袭了 6.5 度的前缘后掠角，因此该机具有较好的中低速性能和巡航能力。L-159 ALCA 机腹和翼下共有 7 个外挂点，机载武器包括美制 AGM-65"小牛"空对地导弹、AIM-9"响尾蛇"空对空导弹，以及 CRV-7 和 SUU-200 火箭弹，还可外挂英制空对地导弹和 TIALD 指示吊舱。

满载武器的 L-159 ALEA 教练／攻击机

L-159 ALEA 教练／攻击机驾驶舱内部

L-159 ALEA 教练／攻击机编队飞行

L-159 ALEA 教练／攻击机高空飞行

韩国 FA-50 攻击机

FA-50 是韩国以其国产超音速教练机 T-50 为基础改造而成的轻型攻击机，2011 年 5 月首次试飞。该机具备超精密制导炸弹的投放能力。韩国空军目前装备有 60 架 FA-50 攻击机。

FA-50 攻击机由 T-50 教练机衍生而来，机体尺寸、武装、发动机、座舱配置与航空电子和控制系统均与前者相同，但两者的最大差异在于 FA-50 攻击机加装了 1 具洛克希德·马丁公司 AN/APG-67(V)4 脉冲多普勒 X 波段多模式雷达，可以获取多种形式的地理和目标数据。

基本参数
机身长度：13米
机身高度：4.94米
翼展：9.45米
最大起飞重量：12300千克
最大速度：1770千米/小时
最大航程：1851千米

FA-50 攻击机侧面视角

FA-50 攻击机空投炸弹

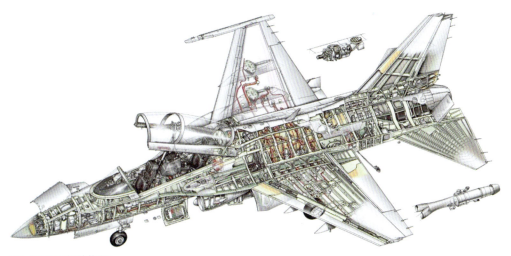
FA-50 攻击机结构图

第4章 空中堡垒——轰炸机

轰炸机就像是一座火力强大的空中堡垒,除了常规炸弹外,它还能投掷核弹或发射空对地导弹,在战争中起着非常重要的作用。在现代战争中,战略轰炸机更是一个国家"三位一体"核打击力量的主要组成部分,堪称空军武器中的"大杀器"。本章主要介绍一战以来世界各国研制的重要轰炸机。

美国 B-17 "空中堡垒" 轰炸机

B-17 "空中堡垒"（Flying Fortress）轰炸机是美国波音公司研制的四发重型轰炸机，1935 年 7 月首次试飞，1938 年开始服役，总产量为 12731 架。除美国外，还有其他二十多个国家采用。二战后，B-17 轰炸机在巴西空军一直服役到 1968 年。

B-17 轰炸机是世界上第一种安装雷达瞄准具、能在高空精确投弹的重型轰炸机，拥有较大的载弹量和飞行高度，并且坚固可靠，在遭受重创后仍能坚持返回基地。该机的动力装置为 4 台赖特 R-1820-97 "旋风" 涡轮增压星型发动机，单台功率为 895 千瓦。机载武器方面，B-17 轰炸机装有 13 挺 12.7 毫米 M2 勃朗宁重机枪，执行长程任务时可携带 2000 千克炸弹，执行短程任务时可携带 3600 千克炸弹。

基本参数
机身长度：22.66 米
机身高度：5.82 米
翼展：31.62 米
最大起飞重量：29710 千克
最大速度：462 千米/小时
最大航程：3219 千米

【战地花絮】

B-17 轰炸机是开创"战略轰炸"概念的先驱。1940 年，B-17 轰炸机因白天轰炸柏林而闻名于世。1943～1945 年，美国陆军航空队在德国上空进行的规模庞大的白天精密轰炸作战中，B-17 轰炸机更是表现优异。除欧洲大陆战场外，少数 B-17 轰炸机还在太平洋战场上担任部分对日本船只及机场的轰炸任务。

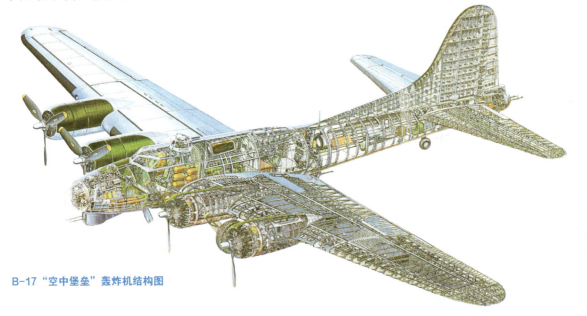
B-17 "空中堡垒" 轰炸机结构图

B-17 轰炸机在高空飞行

B-17 轰炸机驾驶舱内景

B-17 轰炸机空投炸弹

美国 B-24 "解放者"轰炸机

B-24 "解放者"（Liberator）轰炸机是美国共和飞机公司研制的重型轰炸机，1939年3月签订合约，1939年12月首次试飞。经过战争的考验，B-24 轰炸机持续不断进行改进，发展至B-24D型时，才被美军大量采用，并通过《租借法案》大量援助他国，总产量高达18482架。二战后，B-24 轰炸机在一些国家持续使用到1968年。

B-24 轰炸机有一个实用性极强的粗壮机身，其上下、前后及左右两侧均设有自卫枪械（共10挺12.7毫米机枪），构成了一个强大的火力网。梯形悬臂上单翼装有4台普惠R-1830-35空冷活塞发动机，单台功率为900千瓦。机头有一个透明的投弹瞄准舱，其后为多人驾驶舱，再后便是一个容量很大的炸弹舱，最多可挂载3600千克炸弹。

准备降落的B-24 "解放者"轰炸机

B-24 "解放者"轰炸机侧面视角

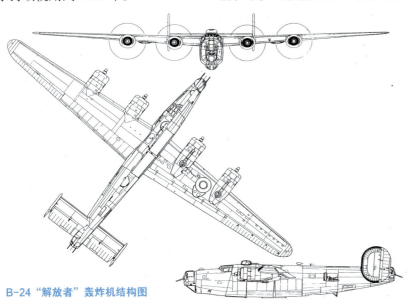

B-24 "解放者"轰炸机结构图

基本参数
机身长度：20.6米
机身高度：5.5米
翼展：33.5米
最大起飞重量：29500千克
最大速度：488千米/小时
最大航程：3300千米

【战地花絮】
B-24 轰炸机在二战时除了用于空军作为轰炸机之外，也有用于海军作为反潜巡逻机，因此也加装上各种反潜和反舰攻击的装备。

B-24 "解放者"轰炸机驾驶舱内景

美国 B-25 "米切尔"轰炸机

B-25 "米切尔"（Mitchell）轰炸机是美国北美航空公司研制的双发中型轰炸机，其最初设计代号是 NA-40-1，1939 年 1 月首次试飞时，恰逢美国陆军航空兵展开中型轰炸机的竞标，北美航空公司修改设计后参加了竞标。生产型 B-25 于 1940 年 8 月首次试飞，1941 年初开始服役，总产量为 9816 架。除美国外，还有其他二十多个国家使用。直到 1979 年，B-25 轰炸机才完全退出历史舞台。

B-25 轰炸机综合性能良好、出勤率高而且用途广泛。该机早期型号装有 1 门 75 毫米榴弹炮和 12 挺 12.7 毫米重机枪，后期型号取消了机炮，改为 18 挺 12.7 毫米重机枪，拥有极强的自卫火力，甚至可以作为攻击机使用。该机的动力装置为 2 台赖特 R-2600-92 "双旋风"发动机，单台功率为 1267 千瓦。

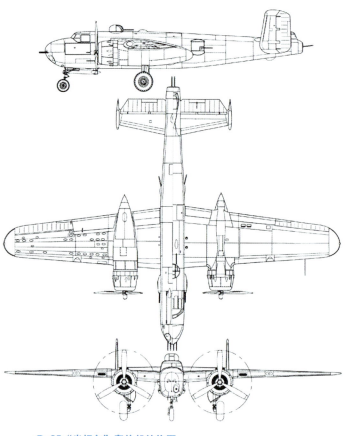

B-25 "米切尔"轰炸机结构图

基本参数
- 机身长度：16.13 米
- 机身高度：4.98 米
- 翼展：20.6 米
- 最大起飞重量：15910 千克
- 最大速度：438 千米/小时
- 最大航程：2174 千米

【战地花絮】

B-25 轰炸机在太平洋战争中有许多出色表现。该机曾使用类似鱼雷攻击的"跳跃"投弹技术，即飞机在低高度将炸弹投放到水面上，而后炸弹在水面上跳跃着飞向敌舰，这提高了投弹的命中率，并且炸弹经常在敌舰吃水线以下爆炸，增大了杀伤力。B-25 轰炸机还承担了著名的"空袭东京"任务，并且顺利完成了使命。

B-25 "米切尔"轰炸机降落

B-25 "米切尔"轰炸机侧前方视角

B-25 "米切尔"轰炸机在高空飞行

美国 B-29 "超级堡垒" 轰炸机

B-29 "超级堡垒"（Super Fortress）轰炸机是美国波音公司设计的四发重型轰炸机，1942年9月首次试飞，1944年5月开始服役，总产量为3970架。除美国陆军航空队外，澳大利亚皇家空军、英国皇家空军和苏联空军也有装备。

B-29 轰炸机汇集了当时诸多先进科技，其崭新设计包括加压机舱、中央火控和遥控机枪等。由于使用了加压机舱，飞行员不需要长时间戴上氧气罩及忍受严寒。该机装有10挺12.7毫米勃朗宁重机枪，并可携带9000千克炸弹。动力装置为4台赖特R-3350-23发动机，单台功率为1640千瓦。

基本参数

机身长度：	30.18米
机身高度：	8.45米
翼展：	43.06米
最大起飞重量：	60560千克
最大速度：	574千米/小时
最大航程：	5230千米

【战地花絮】

B-29 轰炸机的设计构想是作为日间高空精确轰炸机，但在战场使用时B-29 轰炸机却多数在夜间出动，在低空进行燃烧轰炸。该机是二战末期美军对日本城市进行焦土空袭的主力。向日本广岛及长崎投掷原子弹的任务也是由B-29 轰炸机完成的。

B-29 "超级堡垒" 轰炸机结构图

B-29 "超级堡垒" 轰炸机在亚洲作战

B-29 "超级堡垒" 轰炸机正面视角

B-29 "超级堡垒" 轰炸机正面视角

美国 B-47 "同温层喷气" 轰炸机

B-47 "同温层喷气"（Stratojet）轰炸机是美国波音公司研制的中程喷气式战略轰炸机，1947年12月17日首次试飞，1948年开始批量生产，1951年正式服役。随着B-52轰炸机、B-58轰炸机等后继机型开始服役，B-47轰炸机于1957年逐渐退出现役。

B-47轰炸机采用细长流线形机身，机翼为大后掠角上单翼，翼下吊挂6台通用电气J47-GE-25涡轮喷气发动机，平尾位置稍高，起落架采用自行车式布置。在内侧发动机短舱装有可收放的翼下辅助起落架。B-47轰炸机的弹舱长7.9米，可以搭载1枚4500千克的核弹，也可携带13枚227千克或8枚454千克的常规炸弹。该机还装有2门20毫米M24A1机炮，备弹700发，最大有效射程为1370米。此外，机上还装置2部安装在垂直照相架上的K-38或K-17C照相机，用来检查炸弹结果。

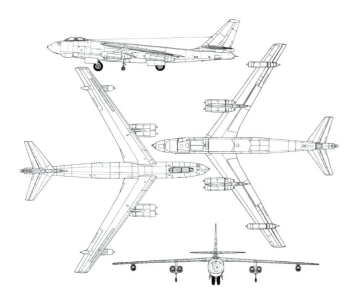

B-47 "同温层喷气" 轰炸机结构图

俯视 B-47 "同温层喷气" 轰炸机

基本参数
机身长度：32.65米
机身高度：8.54米
翼展：35.37米
最大起飞重量：100000千克
最大速度：977千米/小时
最大航程：7478千米

B-47 "同温层喷气" 轰炸机的原型机

B-47 "同温层喷气" 轰炸机在高空飞行

美国 B-52 "同温层堡垒" 轰炸机

B-52 "同温层堡垒"（Stratofortress）轰炸机是美国波音公司研制的八发动机远程战略轰炸机，1952年4月首次试飞，1955年开始装备美国空军，先后发展了A、B、C、D、E、F、G和H等多种型别，总产量为744架。截至2021年，B-52轰炸机仍然在美国空军服役。

B-52轰炸机的机身结构为细长的全金属半硬壳式，侧面平滑，截面呈圆角矩形。前段为气密乘员舱，中段上部为油箱，下部为炸弹舱，空中加油受油口在前机身顶部。后段逐步变细，尾部是炮塔，其上方是增压的射击员舱。动力装置为8台普惠TF33-P-3/103涡轮风扇发动机（单台推力为76千牛），分4组分别吊装于两侧机翼之下。B-52轰炸机不同型号的尾部装有不同的机枪，如G型装有4挺12.7毫米机枪。该机载弹量非常大，能携带31500千克各型核弹和常规弹药。

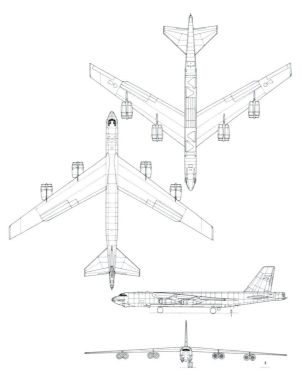

B-52 "同温层堡垒" 轰炸机结构图

基本参数
机身长度：48.5米
机身高度：12.4米
翼展：56.4米
最大起飞重量：220000千克
最大速度：1047千米/小时
最大航程：16232千米

【战地花絮】

由于B-52的升限最高可处于地球同温层，所以被称为"同温层堡垒"。20世纪90年代是B-52轰炸机使用的鼎盛时期，有600多架各型B-52在美国空军服役，此后大多数早期型号陆续退役。

B-52 "同温层堡垒" 轰炸机投弹

B-52 轰炸机在高空飞行

B-52 轰炸机与其挂载的武器

美国 B-1"枪骑兵"轰炸机

B-1"枪骑兵"(Lancer)轰炸机是美国北美航空公司研制的超音速轰炸机,B-1A 原型机于 1974 年 12 月 23 日首次试飞,后由于造价高昂被卡特总统取消,直到 1981 年里根总统上台后才恢复订购。新的 B-1B 于 1983 年 3 月首飞,1985 年开始批量生产,总产量为 100 架。截至 2021 年,B-1B 轰炸机仍在美国空军服役。

B-1 轰炸机的最大特点是可变后掠翼布局、翼身融合体技术,其机身和机翼之间没有明显的交接线,极大地减少了阻力,并增加升力。该机起飞时,变后掠翼处在最小后掠角位置,以获得最大升力。高速飞行时,收回到大后掠角的状态,以减小阻力,提高飞行速度。B-1 轰炸机没有安装固定机炮,有 6 个外挂点,可携挂 27000 千克炸弹。另有 3 个内置弹舱,可携挂 34000 千克炸弹。该机的动力装置为 4 台通用电气 F101-GE-102 发动机,单台推力为 64.9 千牛。

B-1 轰炸机高速航行

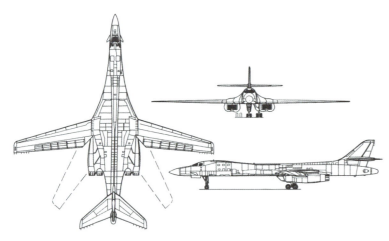
B-1"枪骑兵"轰炸机结构图

基本参数
机身长度:44.5 米
机身高度:10.4 米
翼展:42 米
最大起飞重量:216400 千克
最大速度:1335 千米/小时
最大航程:9400 米

【战地花絮】
B-1 轰炸机首次投入实战是在 1990 年 12 月的"沙漠之狐"行动,对伊拉克进行空中轰炸。1999 年,6 架 B-1 轰炸机投入北约各国对塞尔维亚进行的联合轰炸任务,并在仅占总飞行架次 2% 的情形下,投掷了超过 20% 的弹药量。

美国 B-2"幽灵"轰炸机

B-2"幽灵"(Spirit)轰炸机是美国诺斯罗普·格鲁曼公司研制的四发动机战略轰炸机,也是目前世界上唯一的隐身战略轰炸机。该机于1989年7月首次试飞,之后又经历军方进行的多次试飞和严格检验,并不断根据美国空军所提出的意见进行修改,直到1997年4月才正式服役。因造价昂贵和保养复杂等原因,B-2轰炸机仅生产了21架,且只装备美国空军。

B-2轰炸机的外形结构先进而奇特,可探测性极低,使其能够在较危险的区域飞行,执行战略轰炸任务。该机航程超过10000千米,并具备空中加油能力,大大增强了作战半径。B-2轰炸机的动力装置为4台通用电气F118-GE-100发动机,单台推力为77千牛。该机没有安装固定机炮,有2个内置弹仓,可携带23000千克常规炸弹或核弹。

B-1轰炸机空投炸弹

B-1轰炸机及其挂载弹药

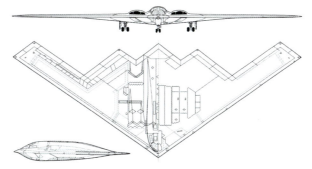

B-2"幽灵"轰炸机结构图

基本参数
机身长度:21米
机身高度:5.18米
翼展:52.4米
最大起飞重量:170600千克
最大速度:1010千米/小时
最大航程:11100千米

B-2轰炸机与两架F-22战斗机编队飞行

停放于地面的B-2轰炸机

【战地花絮】
　　B-2轰炸机每次执行任务的空中飞行时间一般不少于10小时。美国空军称其具有"全球到达"和"全球摧毁"的能力,可在接到命令后数小时内由美国本土起飞,攻击全球大部分地区的目标。

美国 B-21 轰炸机

B-21 轰炸机（英文：Long Range Strike Bomber，缩写为 LRS-B，意为：远程打击轰炸机）是美国空军研发中的远程轰炸机，用于取代美国现役的 B-52 和 B-1 轰炸机。

2015 年 10 月 27 日，美国国防部宣布，由诺斯洛普·格鲁曼公司负责远程打击轰炸机（LRS-B）的研制。LRS-B 项目计划在 21 世纪 20 年代中期开始制造约 100 架具备高度隐形性能的远程轰炸机，并且将每架生产成本限制在的 5.5 亿美元（2010 年美元币值）以内。

2016 年 2 月 26 日，美国空军正式将"远程打击轰炸机"确定代号为"B-21"，意为 21 世纪的新型轰炸机。

截至 2021 年，B-21 轰炸机仍处于研制阶段，当其成功制造后将具备高度的低空侦测性技术能力、"载人"和"无人"两种驾驶模式、远程打击能力、能够投放氢弹等特点。

基本参数
首飞时间：2025年（预计）
单位成本：5.5亿美元（2010年币值）
建造数量：100架（预计）

B-21 远程战略轰炸机

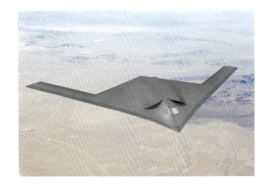

B-21 高空飞行

B-21 侧面视角

英国"蚊"式轰炸机

"蚊"式（Mosquito）轰炸机是英国德·哈维兰公司研制的双发轰炸机，1940年11月25日首次试飞，1941年开始服役，总产量为7781架。该机改型较多，除了担任日间轰炸任务以外，还有夜间战斗机、侦察机等多种衍生型。除英国外，还有其他近20个国家使用"蚊"式轰炸机。

"蚊"式轰炸机最大的特色是机身使用木材制造，其空重、发动机功率、航程约为"喷火"战斗机的2倍，但速度比"喷火"战斗机快。尤其是在载重能力上，"蚊"式轰炸机大大超出原设计指标。所有"蚊"式轰炸机都使用劳斯莱斯或授权美国生产的梅林水冷发动机，最初使用的发动机仅有一级机械增压器，1942年改用二级机械增压器之后，"蚊"式轰炸机的有效作战高度大大提升。"蚊"式轰炸机通常装有4门20毫米西斯潘诺机炮和4挺7.7毫米勃朗宁机枪，并可携带1800千克炸弹。

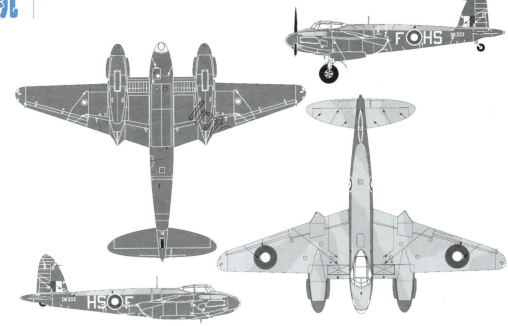

"蚊"式轰炸机结构图

基本参数
机身长度：	13.57米
机身高度：	5.3米
翼展：	16.52米
最大起飞重量：	11000千克
最大速度：	668千米/小时
最大航程：	2400千米

【战地花絮】

鉴于二战期间，传统飞机使用的铝材可能会匮乏，因此德·哈维兰公司使用木材代替铝材，造就了拥有"木制奇迹"之誉的"蚊"式轰炸机。虽然采用全木制造，但"蚊"式轰炸机的生存性较好，甚至创造了英国皇家空军轰炸机作战生存率的最佳纪录。

"蚊"式轰炸机在高空飞行

"蚊"式轰炸机编队

现代仿制的"蚊"式轰炸机

英国"兰开斯特"轰炸机

"兰开斯特"(Lancaster)轰炸机是英国阿芙罗公司研制的四发战略轰炸机,1941年1月8日首次试飞,1942年开始服役,总产量为7377架。该机是二战时期英国的重要战略轰炸机,并曾被澳大利亚、阿根廷、加拿大、法国、波兰、苏联、瑞典和埃及等国家采用。

"兰开斯特"轰炸机的动力装置为4台劳斯莱斯梅林发动机,单台功率为954千瓦。机载武器方面,该机装有8挺7.7毫米勃朗宁机枪,并可携带6350千克炸弹。"兰开斯特"轰炸机的机身结构比较坚固,但设计上存在较大问题。由于没有设置机腹炮塔,对于下方来犯的敌机,无法进行有效反击。这个缺陷被德军发现后,"兰开斯特"轰炸机损失惨重。

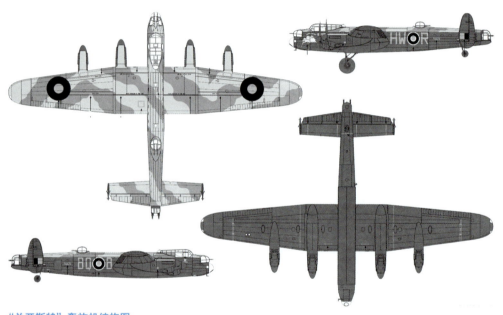

基本参数	
机身长度:	21.11米
机身高度:	6.25米
翼展:	31.09米
最大起飞重量:	32727千克
最大速度:	454千米/小时
最大航程:	4073千米

【战地花絮】

"兰开斯特"轰炸机在二战期间主要担负对德国城市的夜间轰炸任务,在执行三处德国水坝的轰炸任务之后获得"水坝克星"(Dam Buster)的昵称。

"兰开斯特"轰炸机结构图

"兰开斯特"轰炸机降落

"兰开斯特"轰炸机侧面视角

"兰开斯特"轰炸机在高空飞行

英国"堪培拉"轰炸机

"堪培拉"（Canberra）轰炸机是英国电气公司研制的轻型喷气式轰炸机，1949年5月13日首次试飞，1951年5月开始服役，总产量为949架。除英国使用外，"堪培拉"轰炸机还出口到印度、秘鲁和澳大利亚等国家。

"堪培拉"轰炸机执行轰炸任务时，弹舱内可载6枚454千克炸弹，另外在两侧翼下挂架上还可挂907千克炸弹载荷。执行遮断任务时，可在弹舱后部装4门20毫米机炮，前部空余部分可装16枚114毫米照明弹或3枚454千克炸弹。1963年进行改进后，"堪培拉"轰炸机能携带AS.30空对地导弹，也可携带核武器。该机的动力装置为2台劳斯莱斯"埃汶"109涡轮喷气发动机，单台推力为36千牛。

"堪培拉"轰炸机在高空飞行

"堪培拉"轰炸机编队飞行

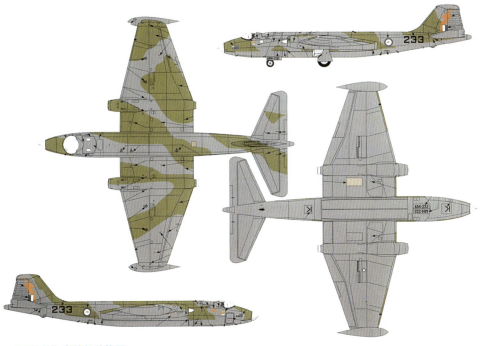
"堪培拉"轰炸机结构图

"堪培拉"轰炸机侧前方视角

基本参数	
机身长度：19.96米	机身高度：4.77米
翼展：19.51米	最大起飞重量：24948千克
最大速度：933千米/小时	最大航程：5440千米

英国"火神"轰炸机

"火神"(Vulcan)轰炸机是英国霍克·西德利公司研制的中程战略轰炸机,1952年8月首次试飞,1956年7月开始服役,总产量为136架。该机的主要用户为英国皇家空军,持续服役到1983年底后全部退役。

"火神"轰炸机采用无尾三角翼气动布局,是世界上最早的三角翼轰炸机。动力装置为4台奥林巴斯301型喷气发动机,安装在翼根位置,进气口位于翼根前缘。"火神"轰炸机拥有一副面积很大的悬臂三角形中单翼,前缘后掠角50度。机身断面为圆形,机头有一大的雷达罩,上方是突出的座舱顶盖。座舱内有正副驾驶员、电子设备操作员、雷达操作员和领航员,机头下有投弹瞄准镜。机身腹部有长8.5米的炸弹舱,可挂21枚454千克级炸弹或核弹,也可以挂载一枚"蓝剑"空对地导弹。

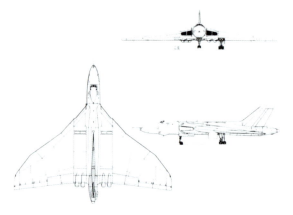

"火神"轰炸机结构图

"火神"轰炸机降落

基本参数
机身长度:29.59米
机身高度:8米
翼展:30.3米
最大起飞重量:77111千克
最大速度:1038千米/小时
最大航程:4171千米

【战地花絮】

"火神"轰炸机曾经与"勇士"(Valiant)轰炸机和"胜利者"(Victor)轰炸机一起构成英国战略轰炸机的三大支柱,合称"3V轰炸机"。

"火神"轰炸机后方视角

仰视"火神"轰炸机

英国"勇士"轰炸机

"勇士"（Valiant）轰炸机是英国维克斯·阿姆斯特朗公司研制的战略轰炸机，第一架原型机于1951年进行首飞，第一架生产型于1953年12月首飞，1955年1月交付使用。该机于1957年8月停产，一共生产107架，主要型号包括"勇士"B Mk.1、"勇士"B(PR) Mk.1、"勇士"B(PR) K Mk.1 和"勇士"BK Mk.1。

"勇士"轰炸机采用悬臂式上单翼设计，在两侧翼根处各安装有两台劳斯莱斯"埃汶"发动机。该机的机翼尺寸巨大，所以翼根的相对厚度被控制在12%，以符合空气动力学原理。该机的发动机保养和维修比较麻烦，且一旦某台发动机发生故障，很可能会影响到紧邻它的另一台发动机。"勇士"轰炸机的机组成员为5人，包括正副驾驶、2名领航员和1名电子设备操作员。所有的成员都被安置在一个蛋形的增压舱内，不过只有正副驾驶员拥有弹射座椅，所以在发生事故或被击落时，其他机组成员只能通过跳伞逃生。

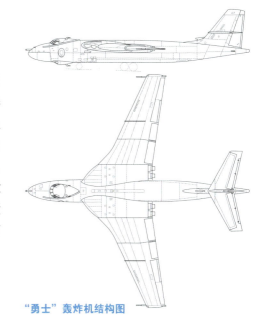

"勇士"轰炸机结构图

航展上的"勇士"轰炸机

"勇士"轰炸机在高空飞行

基本参数
机身长度：32.99米
机身高度：9.8米
翼展：34.85米
最大起飞重量：63600千克
最大速度：913千米/小时
最大航程：7245千米

英国"胜利者"轰炸机

"胜利者"（Victor）轰炸机是英国汉德利·佩奇公司研制的战略轰炸机，1952年12月首次试飞，1958年4月开始服役，总产量为86架。

"胜利者"轰炸机采用月牙形机翼和高平尾布局，4台发动机装于翼根，采用两侧翼根进气。由于机鼻雷达占据了机鼻下部的非密封隔舱，座舱一直延伸到机鼻，提供了更大的空间和更佳的视野。该机的机身采用全金属半硬壳式破损安全结构，中部弹舱门用液压开闭，尾锥两侧是液压操纵的减速板。尾翼为全金属悬臂式结构，采用带上反角的高平尾，以避开发动机喷流的影响。垂尾和平尾前缘均用电热除冰。

基本参数
机身长度：35.05米
机身高度：8.57米
翼展：33.53米
最大起飞重量：93182千克
最大速度：1009千米/小时
最大航程：9660千米

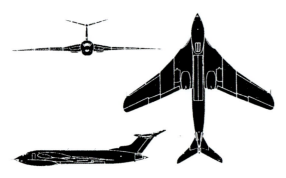
"胜利者"轰炸机结构图

"胜利者"轰炸机起飞

"胜利者"轰炸机降落

法国"幻影"Ⅳ轰炸机

"幻影"（Mirage）Ⅳ轰炸机是法国达索公司研制的超音速战略轰炸机，1959年6月首次试飞，1964年10月开始服役，总产量为66架，全部装备法国空军。

"幻影"Ⅳ轰炸机的总体布局沿用了"幻影"系列传统的无尾大三角翼的布局，双轮纵列主起落架。基本型的主要武器为半埋在机腹下的一枚AN-11核弹（1967年后换为AN-22核弹），或16枚454千克常规炸弹，或4枚AS.37空对地导弹。

总的来说，"幻影"Ⅳ轰炸机尽管很有特色，但与美苏先进战略轰炸机相比，明显偏小，难以形成强大的威慑力。

"幻影"Ⅳ轰炸机示意图

基本参数

机身长度：23.49米　　机身高度：5.4米
翼展：11.85米　　最大起飞重量：33475千克
最大速度：2340千米/小时　　最大航程：4000千米

【战地花絮】

1956年，法国为建立独立的核威慑力量，在优先发展导弹的同时，由空军负责组织研制一种能携带原子弹执行核攻击的轰炸机。达索公司和南方飞机公司展开了竞争，法国空军最后选中了达索"幻影"Ⅳ。

仰视"幻影"Ⅳ轰炸机

基地中的"幻影"Ⅳ轰炸机

"幻影"Ⅳ轰炸机侧前方视角

苏联 Tu-2 轰炸机

Tu-2（图-2）轰炸机是苏联图波列夫设计局研制的中型轰炸机，原本称为 ANT-50。该机于 1941 年 1 月首次试飞，1942 年开始服役，总产量为 2257 架。二战后，保加利亚、匈牙利、印度尼西亚、波兰和罗马尼亚等国家也装备过 Tu-2 轰炸机。

Tu-2 轰炸机的动力装置为两台什韦佐夫 ASh-82 风冷式发动机，单台功率为 1380 千瓦。该机装有 2 门 23 毫米机炮和 3 挺 12.7 毫米机枪，并可携带 3000 千克炸弹。在二战期间，Tu-2 轰炸机作为苏军的水平轰炸机甚至俯冲轰炸机，参与了德苏战争中后期的主要战役。

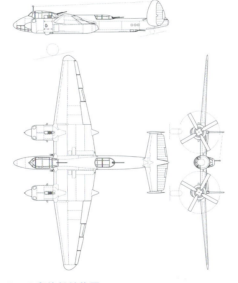
Tu-2 轰炸机结构图

基本参数

机身长度：	13.8米
机身高度：	4.13米
翼展：	18.86米
最大起飞重量：	11768千克
最大速度：	521千米/小时
最大航程：	2020千米

【战地花絮】

鉴于 Tu-2 轰炸机的出色表现，其设计师安德烈·图波列夫获得了斯大林奖金，并且"无罪释放"（此前因政治原因被监禁）。

Tu-2 轰炸机前方视角

Tu-2 轰炸机侧面视角

苏联/俄罗斯 Tu-95 "熊" 轰炸机

Tu-95（图-95）"熊"（Bear）轰炸机是苏联图波列夫设计局研制的长程战略轰炸机，1952年11月12日首次试飞，1955年7月在图西诺机场举行的航空展首次对外公开展示，1956年开始进入苏联空军服役，总产量约500架。除用作战略轰炸机之外，还可以执行电子侦察、照相侦察、海上巡逻反潜和通信中继等任务。

Tu-95轰炸机的机身为半硬壳式全金属结构，截面呈圆形。机身前段有透明机头罩、雷达舱、领航员舱和驾驶舱。后期改进型号取消了透明机头罩，改为安装大型火控雷达。起落架为前三点式，前起落架有2个机轮，并列安装。Tu-95轰炸机使用4台NK-12涡桨发动机，最大速度超过了900千米/小时，这使其成为速度最快、体形最大的螺旋桨飞机。在武装方面，Tu-95轰炸机除安装了单座或双座23毫米Am-23机尾机炮外，还能携挂25000千克的炸弹和导弹，其中包括Kh-55亚音速远程巡航导弹。

基本参数

机身长度：	46.2米
机身高度：	12.12米
翼展：	50.1米
最大起飞重量：	188000千克
最大速度：	920千米/小时
最大航程：	15000千米

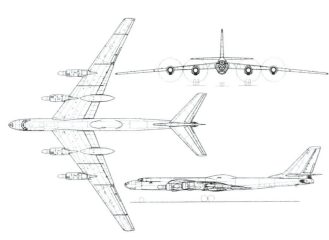

Tu-95 "熊" 轰炸机结构图

Tu-95 "熊" 轰炸机侧面视角

Tu-95 "熊" 轰炸机正面视角

苏联/俄罗斯 Yak-28 轰炸机

Yak-28（雅克-28）轰炸机是苏联雅克列夫设计局研制的双发双座轰炸机，1958年3月5日首次试飞，1960年开始服役，总产量为1180架，一直持续到1992年才从俄罗斯空军退役。

Yak-28B型在机鼻处装有RBR-3雷达轰炸机系统。Yak-28P型专为中低空作战设计，其尖锐的雷达罩内安装的"鹰"D型雷达取代了原来的玻璃化机鼻，随后在服役期间得到多次改进。到1967年停产时，后续生产的Yak-28P的雷达罩明显加长，总体性能也有所提升。

Yak-28 轰炸机前方视角

Yak-28 轰炸机在高空飞行

Yak-28 轰炸机侧面视角

Tu-95 "熊" 轰炸机在高空飞行

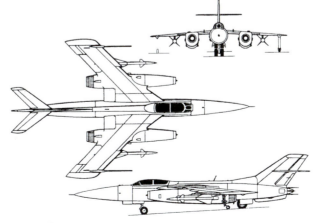
Yak-28 轰炸机结构图

基本参数
机身长度：21.6米
机身高度：3.95米
翼展：12.5米
最大起飞重量：20000千克
最大速度：2009千米/小时
最大航程：2630千米

苏联/俄罗斯 Tu-22M "逆火" 轰炸机

Tu-22M（图-22M）"逆火"（Backfire）轰炸机是苏联图波列夫设计局研发的长程战略轰炸机，其前身为 Tu-22 "眼罩"轰炸机。后者是苏联装备的第一种超音速战略轰炸机，服役之后发生了许多操作上的严重问题，于是苏联空军于 1959 年提出下一代战略轰炸机的需求方案。1967 年，图波列夫设计局开始 Tu-22M 方案，1969 年 8 月完成试飞，1972 年开始服役，总产量为 497 架。

Tu-22M 轰炸机最大的特色在于变后掠翼设计，低单翼外段的后掠角可在 20 度～55 度之间调整，垂尾前方有长长的脊面。在轰炸机尾部设有一个雷达控制的自卫炮塔，武装为 1 门 23 毫米双管炮。起落架可收放前三点式，主起落架为多轮小车式。Tu-22M 轰炸机的机载设备较新，其中包括具有陆上和海上下视能力的远距探测雷达。该机的动力装置为 2 台并排安装的大推力发动机，其中 Tu-22M2 使用的是 HK-22 涡扇发动机，Tu-22M3 装 HK-25 涡扇发动机。除机炮外，Tu-22M 还可挂载 21000 千克的炸弹和导弹。

Tu-22M "逆火" 轰炸机结构图

基本参数	
机身长度：42.4 米	机身高度：11.05 米
翼展：34.28 米	最大起飞重量：126000 千克
最大速度：2308 千米/小时	最大航程：6800 千米

Tu-22M "逆火" 轰炸机在高空飞行

正在爬升的 Tu-22M "逆火" 轰炸机

苏联/俄罗斯 Tu-160"海盗旗"轰炸机

Tu-160(图-160)"海盗旗"(Blackjack)轰炸机是苏联图波列夫设计局研发的长程战略轰炸机,1981年12月首次试飞,1987年5月开始服役,总产量为35架。

Tu-160轰炸机座舱内有4名机组人员前后并列,均有单独的零-零弹射座椅。由于体积庞大,Tu-160轰炸机驾驶舱后方的成员休息区中甚至还设有一个厨房。

该机有2个内置弹舱,可携挂40000千克导弹和炸弹等武器。Tu-160轰炸机可携带的导弹包括Kh-15短程巡航导弹、Kh-55SM/101/102空对地导弹,炸弹则以FAB-250/500/1500无导引炸弹为主。该机的动力装置为四台萨马拉NK-321发动机,单台推力为137千牛。

基本参数	
机身长度:	54.1米
机身高度:	13.1米
翼展:	55.7米
最大起飞重量:	275000千克
最大速度:	2000千米/小时
最大航程:	12300千米

【战地花絮】
Tu-160轰炸机的作战方式以高空亚音速巡航、低空高亚音速或高空超音速突防为主。在高空可发射具有火力圈外攻击能力的巡航导弹。进行防空压制时,可发射短距攻击导弹。另外,该机还可低空突防,用核炸弹或导弹攻击重要目标。

正在进行空中加油的Tu-160"海盗旗"轰炸机

仰视Tu-160"海盗旗"轰炸机

Tu-160"海盗旗"轰炸机起飞

德国 Ju 87 轰炸机

Ju 87 轰炸机是德国容克斯公司研制的俯冲轰炸机，1935 年 9 月首次试飞，1936 年开始服役，总产量约 6500 架。

Ju 87 轰炸机最大的特点在于双弯曲的鸥翼型机翼、固定式的起落架及其独有低沉的尖啸声。该机属于单发动机的全金属悬臂梁单翼机，可搭载两名飞行员，主要结构金属与蒙皮使用硬铝，襟翼这类需要坚固结构的区域由合金组成，而需要承受强大应力的零件与螺栓则使用钢铁铸造。Ju 87 轰炸机的动力装置为 1 台容克斯 Jumo 211D 发动机，最大功率为 883 千瓦。机载武器为 2 挺 7.92 毫米 MG17 机枪和 1 挺 7.92 毫米 MG15 机枪，并可携带多枚 50 千克或 250 千克炸弹。

基本参数
机身长度：11米
机身高度：4.23米
翼展：13.8米
最大起飞重量：5000千克
最大速度：390千米/小时
最大航程：500千米

【战地花絮】

Ju 87 轰炸机在二战初期德国发动的"闪电战"中取得非常大的战果，1940 年后德国在非洲战场及东部战线大量投入这种轰炸机，尤其在东线战场，更发挥出其强大的对地攻击能力。这种轰炸机拥有独特的发声装置，所发出的尖啸声对地面士兵的精神影响极大。

Ju 87 轰炸机示意图

Ju 87 轰炸机在高空飞行

Ju 87 轰炸机正面视角

被盟军缴获的 Ju 87 轰炸机

德国 Ju 88 轰炸机

Ju 88 轰炸机是德国容克斯公司研制的中型轰炸机,1936 年 12 月首次试飞,1939 年开始服役,总产量为 15183 架。

Ju 88 轰炸机采用全金属结构,动力装置为 2 台容克斯 Jumo 211J 水冷活塞发动机,单台功率为 1044 千瓦。该机载弹量为 2500 千克,自卫武器为 2 挺 13 毫米机枪和 3 挺 7.9 毫米机枪。总的来说,Ju 88 轰炸机性能优异,自卫火力强,俯冲时还能进行机动,提高了生存力。正因为 Ju 88 轰炸机的优异表现,使德军决定全力生产该机,而不再发展四发远程战略重轰炸机。

基本参数	
机身长度	14.85米
机身高度	4.85米
翼展	20米
最大起飞重量	12670千克
最大速度	360千米/小时
最大航程	1580千米

Ju 88 轰炸机示意图

德军飞行员与 Ju 88 轰炸机

Ju 88 轰炸机在高空飞行

第5章 后起之秀——直升机/无人机

与战斗机、攻击机和轰炸机等空军传统装备相比,直升机和无人机在空军中的运用历史相对较短,但它们发挥的作用却不容忽视。本章主要介绍各大空军强国使用的重要直升机和无人机。

美国 UH-1 "伊洛魁" 直升机

UH-1 "依洛魁"（Iroquois）直升机是美国贝尔公司研发的通用直升机，1956年10月首次试飞，1959年6月开始服役。该机衍生型号众多，总产量超过16000架，美国各大军种都有采用，其中美国空军使用的型号包括 UH-1F、TH-1F、HH-1H、UH-1N 和 UH-1P 等。

UH-1 直升机采用单旋翼带尾桨形式，扁圆截面的机身前部是一个座舱，可乘坐正副飞行员（并列）及乘客多人，后机身上部是1台莱卡明T53系列涡轮轴发动机及其减速传动箱，驱动直升机上方的是由2枚桨叶组成的半刚性跷跷板式主旋翼。UH-1 直升机的起落架是十分简洁的两根杆状滑橇。机身左右开有大尺寸舱门，便于人员及货物上下。该机的常见武器为2挺7.62毫米M60机枪，加上2具7发（或19发）91.67毫米火箭吊舱。

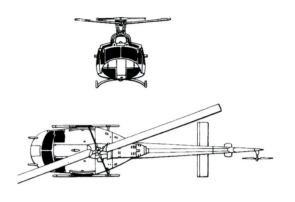

UH-1 "伊洛魁" 直升机结构图

希腊军队装备的 UH-1 "伊洛魁" 直升机

美军装备的 UH-1 "伊洛魁" 直升机

正在执行任务的 UH-1 直升机

基本参数
机身长度：17.4米
机身高度：4.4米
旋翼直径：14.6米
最大起飞重量：4310千克
最大速度：220千米/小时
最大航程：510千米

【战地花絮】

1960年，美国陆军少将汉密尔顿·豪兹提出使用直升机实施兵力投送的战术设想，即地面作战部队的空中机动战术。1963年，美国陆军在佐治亚本宁堡基地专门成立了第11陆军航空师，使用UH-1直升机来验证这个理论，训练课题包括空中协同指挥、空中火力突击、空中补给、快速兵力投送以及战术侦察等。

美国 CH-53 "海上种马" 直升机

CH-53 "海上种马"（Sea Stallion）直升机是美国西科斯基公司研制的重型突击运输直升机，1962 年 8 月开始研制，1964 年 10 月首次试飞，1966 年 6 月开始交付使用。该机衍生型号众多，美国空军、海军和海军陆战队均有使用，其中美国空军使用的型号为 MH-53 系列。

CH-53 直升机采用单一主旋翼加尾桨的普通布局，机舱呈长立方体形状，剖面为方形，有多个侧门和一个大型放倒尾门方便装卸工作。旋翼有 6 片全铰接式铝合金桨叶，可以折叠。尾桨由 4 片铝合金桨叶组成。驾驶舱可容纳 3 名空勤人员，座舱可容纳 37 名全副武装士兵或 24 副担架，外加 4 名医务人员。CH-53 直升机是美军少数能在低能见度条件下借助机上设备在标准军用基地自行起降的直升机之一，动力装置为 2 台通用电气 T64-GE-413 涡轮轴发动机，单台功率为 2927 千瓦。

CH-53 "海上种马" 直升机空中加油

CH-53 "海上种马" 直升机正面视角

俯视 CH-53 "海上种马" 直升机

CH-53 "海上种马" 直升机示意图

基本参数	
机身长度：	26.97 米
机身高度：	7.6 米
旋翼直径：	22.01 米
最大起飞重量：	19100 千克
最大速度：	315 千米/小时
最大航程：	1000 千米

美国 UH-60 "黑鹰"直升机

UH-60 "黑鹰"（Black Hawk）直升机是西科斯基公司研制的通用直升机，1974年10月首次试飞，1979年开始服役。该机的衍生型号非常多，美国各大军种均有使用，其中美国空军使用的型号为HH-60系列。除美国外，还有其他二十余个国家也有装备。

与UH-1直升机相比，UH-60直升机大幅提升了部队容量和货物运送能力。在大部分天气情况下，3名机组成员中的任何一个都可以操纵飞机运送全副武装的11人步兵班。拆除8个座位后，可以运送4个担架。此外，还有1个货运挂钩可以执行外部吊运任务。UH-60直升机通常装有2挺7.62毫米机枪，1具19联装70毫米火箭发射巢，还可发射AGM-119 "企鹅"反舰导弹和AGM-114 "地狱火"空对地导弹。

UH-60 "黑鹰"直升机在极寒环境执行任务

UH-60直升机编队飞行

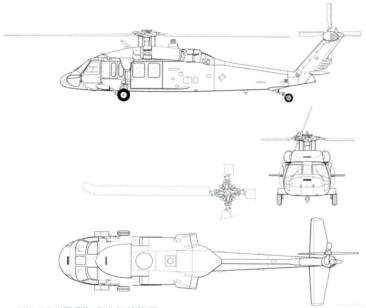
UH-60 "黑鹰"直升机结构图

UH-60 "黑鹰"直升机降落

基本参数

机身长度：19.76米	机身高度：5.13米
旋翼直径：16.36米	最大起飞重量：11113千克
最大速度：357千米/小时	最大航程：2220千米

美国 V-22 "鱼鹰" 倾转旋翼机

V-22 "鱼鹰"（Osprey）倾转旋翼机由美国贝尔公司和波音公司联合研制，其设计是基于贝尔公司负责的 XV-15 试验机。2007 年，V-22 倾转旋翼机开始在美国海军陆战队服役，取代 CH-46 执行搜救及作战任务。2009 年，美国空军也开始配备 V-22 倾转旋翼机。

V-22 倾转旋翼机是在类似固定翼飞机机翼的两翼尖处，各装一套可在水平位置与垂直位置之间转动的旋翼倾转系统组件，当飞机垂直起飞和着陆时，旋翼轴垂直于地面，呈横列式直升机飞行状态，并可在空中悬停、前后飞行和侧飞。该机具备直升机的垂直升降能力以及固定翼螺旋桨飞机速度较高、航程较远和耗油量较低的优点。该机的动力装置为 2 台劳斯莱斯艾里逊 T406 发动机，单台功率为 4590 千瓦。机载武器方面，通常是 2 挺 7.62 毫米机枪。

> **基本参数**
> 机身长度：17.5米
> 旋翼直径：11.6米
> 翼展：14米
> 最大起飞重量：27400千克
> 最大速度：565千米/小时
> 最大航程：1627千米

【战地花絮】
自进入美国海军陆战队和美国空军服役后，V-22 倾转旋翼机已先后被部署在伊拉克、阿富汗和利比亚等地，用于战斗及救援行动。据悉，V-22 倾转旋翼机的安全性让美军称道不已。

V-22 "鱼鹰" 倾转旋翼机侧后方视角

V-22 "鱼鹰" 倾转旋翼机在高空飞行

V-22 "鱼鹰" 倾转旋翼机编队飞行

V-22 "鱼鹰" 倾转旋翼机侧后方视角

苏联/俄罗斯 Mi-8 "河马" 直升机

Mi-8（米-8）"河马"（Hip）直升机是苏联米里设计局研制的中型直升机，1961年7月首次试飞，1967年开始服役。在之后的四十多年里，Mi-8发展了多种型号，总产量超过17000架。除苏联/俄罗斯外，还有其他六十多个国家采用。

Mi-8直升机采用传统的全金属截面半硬壳短舱加尾梁式结构，机身前部为驾驶舱，驾驶舱可容纳正、副驾驶员和机械师。座舱内装有承载能力为200千克的绞车和滑轮组，以装卸货物和车辆。座舱外部装有吊挂系统，可以用来运输大型货物。Mi-8武装型一般在机身两侧加挂火箭弹发射器，机头加装12.7毫米口径机枪，并可在挂架上加挂反坦克导弹。

Mi-8 "河马" 直升机降落

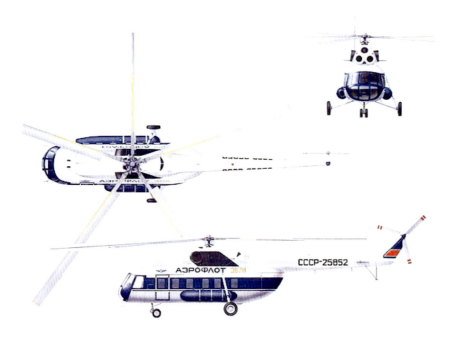

Mi-8 "河马" 直升机结构图

Mi-8 "河马" 直升机侧前方视角

基本参数	
机身长度：18.17米	机身高度：5.65米
旋翼直径：21.29米	最大起飞重量：12000千克
最大速度：260千米/小时	最大航程：450千米

苏联/俄罗斯 Mi-24 "雌鹿"直升机

Mi-24（米-24）"雌鹿"直升机是苏联米里设计局研制的武装直升机，也是苏联第一代专用武装直升机。该机于 1969 年首次试飞，1972 年开始批量生产，总产量约 2300 架。除苏联/俄罗斯外，Mi-24 直升机还曾出口到三十多个国家。

Mi-24 直升机的机身为全金属半硬壳式结构，驾驶舱为纵列式布局。后座比前座高，驾驶员视野较好。主舱设有 8 个可折叠座椅，或 4 个长椅，可容纳 8 名全副武装的士兵。该机的主要武器为 1 挺 12.7 毫米加特林四管机枪，另有 4 个武器挂载点可挂载 4 枚 AT-2 "蝇拍"反坦克导弹或 128 枚 57 毫米火箭弹。此外，还可挂载 1500 千克化学或常规炸弹，以及其他武器。Mi-24 直升机的机身装甲很强，可以抵抗 12.7 毫米口径子弹攻击。

基本参数	
机身长度：17.5米	机身高度：6.5米
旋翼直径：17.3米	最大起飞重量：12000千克
最大速度：335千米/小时	最大航程：450千米

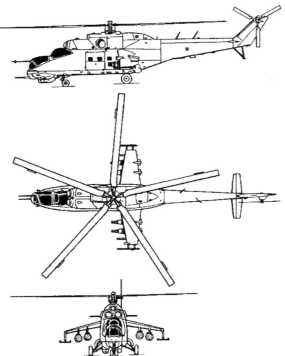

Mi-24 "雌鹿"直升机结构图

【战地花絮】

1975 年，一位女飞行员曾用 Mi-24 直升机创下最快爬升、最快速度、最高高度的直升机世界纪录。Mi-24 直升机还拥有丰富的实战经验，服役后曾参加多场局部战争。

飞行中的 Mi-24 "雌鹿"直升机

Mi-24 "雌鹿"直升机发射烟雾弹

Mi-8 "河马"直升机低空飞行

苏联/俄罗斯 Mi-26"光环"直升机

Mi-26（米-26）"光环"（Halo）直升机是苏联米里设计局研制的重型运输直升机，1977年12月首次试飞。1981年6月，预生产型在巴黎航空展览会上首次公开展出。1982年，米里设计局开始研制 Mi-26 军用型。1983年，Mi-26 直升机进入苏联空军服役。1986年6月，开始出口印度。

Mi-26 直升机是第一架旋翼叶片达8片的重型直升机，有两台发动机并实施载荷共享。它只比 Mi-6 直升机略重一点，却能吊运20吨的货物。Mi-26 直升机货舱空间巨大，如用于人员运输可容纳80名全副武装的士兵或60张担架床及4～5名医护人员。货舱顶部装有导轨并配有2个电动绞车，起吊重量为5吨。Mi-26 直升机具备全天候飞行能力，往往需要远离基地到完全没有地勤和导航保障条件的地区独立作业。

基本参数	
机身长度：	40.03米
机身高度：	8.15米
旋翼直径：	32米
最大起飞重量：	56000千克
最大速度：	295千米/小时
最大航程：	1920千米

Mi-26"光环"直升机示意图

Mi-26 直升机起飞

Mi-26"光环"直升机侧前方视角

Mi-26"光环"直升机编队飞行

苏联/俄罗斯 Mi-28"浩劫"直升机

Mi-28（米-28）"浩劫"（Havoc）直升机是苏联米里设计局研制的单旋翼带尾桨全天候专用武装直升机，1982年11月10日首次试飞。1989年，Mi-28直升机在法国国际航空展首次亮相，显示出美国AH-64武装直升机所没有的优异机动性能，引起各方关注。截至2021年，Mi-28直升机仍然在俄罗斯空军、伊拉克陆军、阿尔及利亚空军中服役。

Mi-28直升机是世界上唯一的全装甲直升机，特别强调飞行人员的存活率。机身为全金属半硬壳式结构，驾驶舱为纵列式布局，四周配有完备的钛合金装甲。前驾驶舱为领航员/射手，后面为驾驶员。座椅可调高低，能吸收撞击能量。旋翼系统采用半刚性铰接式结构，桨叶为5片。Mi-28直升机的主要武器为1门30毫米机炮，另有4个武器挂载点可挂载16枚AT-6反坦克导弹，或40枚火箭弹（两个火箭巢）。动力装置为2台克里莫夫设计局TV3-117发动机，单台功率为1640千瓦。

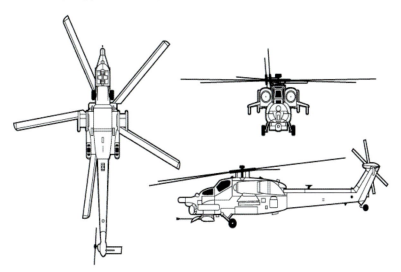
Mi-28"浩劫"直升机结构图

Mi-28直升机攻击画面

基本参数
机身长度：17.01米
机身高度：3.82米
旋翼直径：17.20米
最大起飞重量：11500千克
最大速度：325千米/小时
最大航程：1100千米

Mi-28直升机编队飞行

Mi-28直升机低空飞行

苏联/俄罗斯 Ka-50 "黑鲨"直升机

Ka-50（卡-50）"黑鲨"（Black Shark）直升机是卡莫夫设计局研制的单座武装直升机，1982 年 6 月首次试飞，1992 年底获得初步作战能力，1995 年 8 月正式服役，截至 2021 年总产量为 32 架。该机是目前世界上唯一单人操作的武装直升机，已被俄罗斯空军选作新一代反坦克直升机。

Ka-50 直升机是世界上第一架采用单人座舱、同轴反转旋翼、弹射救生座椅的武装直升机。两具同轴反向旋翼装在机身中部，每具 3 片旋翼。Ka-50 直升机的主要武器为 1 门 30 毫米 2A42 型航炮，另有 4 个武器挂载点可挂载 16 枚 AT-9 反坦克导弹或 80 枚 80 毫米 S8 型空对地火箭。Ka-50 直升机是第一架像战斗机一样配备了弹射座椅的直升机，飞行员利用此装置逃生只需要短短 2.5 秒。动力装置为 2 台 TB3-117 涡轮轴发动机，每台功率 1640 千瓦。

基本参数	
机身长度：	13.5 米
机身高度：	5.4 米
旋翼直径：	14.5 米
最大起飞重量：	10800 千克
最大速度：	350 千米/小时
最大航程：	1160 千米

Ka-50 "黑鲨"直升机结构图

Ka-50 "黑鲨"直升机低空飞行

俯视 Ka-50 "黑鲨"直升机

苏联/俄罗斯 Ka-52 "短吻鳄" 直升机

Ka-52（卡-52）"短吻鳄"（Alligator）直升机是卡莫夫设计局在 Ka-50 直升机基础上改进而来的双座武装直升机，设计目的是为 Ka-50 直升机提供战场情报，作为协调与控制的保障机。该机于 1997 年 6 月 25 日首次试飞，截至 2021 年总产量超过 100 架。

Ka-52 直升机最显著的特点是采用并列双座布局的驾驶舱，而非传统的串列双座。该机有 85% 的零部件与已经批量生产的 Ka-50 直升机通用。Ka-52 直升机装有 1 门不可移动的 23 毫米机炮，短翼下的 4 个武器挂架可挂载 12 枚超音速反坦克导弹，也可安装 4 个火箭发射巢。为消灭远距离目标，Ka-52 直升机还可挂 X-25MJI 空对地导弹或 P-73 空对空导弹等。该机的动力装置为 2 台 TB3-117 BMA 涡轮轴发动机，单台功率为 2200 马力（1 马力 =745.7 千瓦）。

在城市中巡逻的 Ka-50 "黑鲨" 直升机

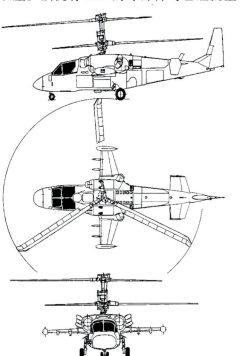

Ka-52 "短吻鳄" 直升机结构图

Ka-52 "短吻鳄" 直升机编队飞行

Ka-52 "短吻鳄" 直升机表演特技动作

基本参数

机身长度：15.96米	机身高度：4.93米	旋翼直径：14.43米
最大起飞重量：10400千克	最大速度：310千米/小时	最大航程：1100千米

苏联/俄罗斯 Ka-60 "逆戟鲸"直升机

Ka-60（卡-60）"逆戟鲸"（Kasatka）直升机是卡莫夫设计局研制的多用途直升机，1990年开始制造原型机，1998年12月24日首次试飞。由于苏联解体后俄罗斯经济情况窘迫，该机一直未能量产，直到2010年后才开始生产。该机主要有 Ka-60、Ka-60U、Ka-60K 和 Ka-60R 等型号，并衍生出了 Ka-62 民用直升机。截至2021年，俄罗斯空军已有100架列装计划。

Ka-60 直升机采用4片桨叶旋翼、涵道式尾桨布局和可收放式起落架。驾驶舱内有2名驾驶员。座舱可搭载12～14名乘客，要人专机布局时安装5个座椅。该机早期型号的动力装置为2台诺维科夫设计局 TVD-1500 涡轮轴发动机，单台功率为970千瓦。后期的 Ka-60R 改装2台劳斯莱斯 RTM322 涡轮轴发动机，单台功率1395千瓦。

基本参数
机身长度：15.6米
机身高度：4.6米
旋翼直径：13.5米
最大起飞重量：6500千克
最大速度：300千米/小时
最大航程：615千米

Ka-60 "逆戟鲸"直升机示意图

Ka-60 "逆戟鲸"直升机侧前方视角

Ka-60 "逆戟鲸"直升机前方视角

航展上的 Ka-60 "逆戟鲸"直升机

欧洲 EH 101 "灰背隼"直升机

EH 101 "灰背隼"（Merlin）直升机是英国、意大利联合研制的通用直升机，1987年10月首次试飞，1994年11月取得英国和意大利民用适航证书，并同时获得美国联邦航空局的适航批准。1999年，EH 101 直升机正式服役，主要用户包括英国皇家空军、英国皇家海军、意大利空军、土库曼斯坦空军、沙特阿拉伯空军、葡萄牙空军、挪威皇家空军等。

EH 101 直升机的机身结构由传统和复合材料构成，设计上尽可能采用多重结构式设计，主要部件在受损后仍能起作用。该机具有全天候作战能力，可用于运输、反潜、护航、搜索救援、空中预警和电子对抗等。各型 EH 101 直升机的机身结构、发动机、基本系统和航空电子系统基本相同，主要的不同在于执行不同任务时所需的特殊设备。执行运输任务时，EH 101 直升机可装载 2 名飞行员和 35 名全副武装的士兵，或者 16 副担架加 1 支医疗队。

基本参数	
机身长度：	22.81米
机身高度：	6.65米
旋翼直径：	18.59米
最大起飞重量：	14600千克
最大速度：	309千米/小时
最大航程：	833千米

EH 101 "灰背隼"直升机示意图

意大利军队装备的 EH 101 "灰背隼"直升机

EH 101 "灰背隼"直升机侧面视角

EH 101 "灰背隼"直升机开火

法国 AS 555 "小狐"直升机

AS 555 "小狐"直升机是欧洲直升机公司研发的轻型直升机，1990 年开始服役。该机分为 SN 和 MN 两个版本，前者属于战斗型，而后者不装备武器。"小狐"直升机的主要用户包括法国空军、法国陆军、丹麦空军、巴西陆军、墨西哥海军等。

"小狐"直升机的机身使用轻型合成金属材料，采用了热力塑型技术。主旋翼中央叶毂相同径向三叶片对称配置螺旋桨也采用了合成材料，以便减轻机体重量，同时增加防护力。该机可以装备多种武器系统，以满足多种地域和地形对军事活动的需求，如法国军队中服役的 AS 555AN 系列配有 20 毫米 M621 机炮、轻型自动寻的鱼雷和"西北风"导弹，还能配备"派龙"挂架安装火箭。该机的动力装置为两具法国产 1A 涡轮轴发动机，持续输出功率达 302 千瓦。

基本参数	
机身长度：	10.93米
机身高度：	3.34米
旋翼直径：	10.69米
最大起飞重量：	2250千克
最大速度：	246千米/小时
最大航程：	648千米

AS 555 "小狐"直升机示意图

法国空军装备的"小狐"直升机

丹麦空军装备的"小狐"直升机

"小狐"直升机在海面飞行

法国 SA 341/342 "小羚羊" 直升机

SA 341/342 "小羚羊"（Gazelle）直升机是由法国宇航公司（现空中客车集团）研制的轻型直升机，旨在取代"云雀"Ⅱ直升机。1964年，"小羚羊"直升机开始设计，第一架原型机在1967年4月首次试飞。该机曾出口到四十多个国家，主要供空军和陆军使用，部分国家的海军也有装备。

"小羚羊"直升机的机体大量使用了夹心板结构，座舱框架为轻合金焊接结构，安装在普通半硬壳底部机构上。采用三片半铰接式旋翼，可人工折叠。采用钢管滑橇式起落架，可加装机轮、浮筒和雪橇等。"小羚羊"直升机的主要武器包括1门20毫米机炮或2挺7.62毫米机枪，可带4枚"霍特"反坦克导弹或2个70毫米或68毫米火箭吊舱。"小羚羊"直升机的动力装置为1台"阿斯泰阻"XlVM涡轮轴发动机，功率为640千瓦。

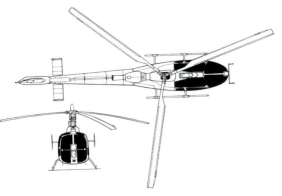

"小羚羊"直升机结构图

基本参数
机身长度：11.97米
机身高度：3.19米
旋翼直径：10.5米
最大起飞重量：1900千克
最大速度：310千米/小时
最大航程：670千米

"小羚羊"直升机侧面视角

"小羚羊"直升机编队飞行

"小羚羊"直升机侧前方视角

法国 SA 316/319 "云雀" III 直升机

SA 316/319 "云雀"（Alouette）III 直升机是法国宇航公司（现空中客车集团）研制的轻型通用直升机，已被数十个国家采用，广泛装备各国空军部队，部分国家的海军和陆军也有采用。

"云雀" III 直升机分为 SA 316 系列和 SA 319 系列，前者于 1959 年 2 月 28 日首次试飞，1961 年开始生产，先后有 SE 316A、SA 316B 和 SA 316C 等型号。SA 319 是 SA 316C 的发展型，1971 年开始生产，安装"阿斯泰勒"XIV 涡轮轴发动机，增加了发动机的效率，减少了耗油量。

"云雀" III 直升机的军用型可以安装 7.62 毫米机枪或者 20 毫米机炮，还能外挂 4 枚 AS11 或 2 枚 AS12 有线制导导弹，可以攻击反坦克和攻击小型舰艇。"云雀" III 直升机的反潜型安装了鱼雷和磁场异常探测仪，还有的安装了能起吊 175 千克的救生绞车。

"云雀" III 直升机在高空飞行

"云雀" III 直升机编队飞行

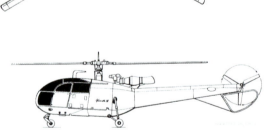
"云雀" III 直升机结构图

基本参数	
机身长度：	10.03 米
机身高度：	3 米
旋翼直径：	11.02 米
最大起飞重量：	2200 千克
最大速度：	210 千米/小时
最大航程：	540 千米

"云雀" III 直升机侧面视角

法国 SA 321 "超黄蜂" 直升机

SA 321 "超黄蜂"（Super Frelon）直升机是法国宇航公司（现空中客车集团）研制的通用直升机，第一架原型机于1962年12月首次试飞。1963年7月，该机创造了多项直升机世界纪录。1966年，"超黄蜂"直升机开始服役，总产量为110架，主要用户包括法国海军、以色列空军、伊拉克空军、利比亚空军和南非空军等。

"超黄蜂"直升机采用普通全金属半硬壳式机身，船形机腹由水密隔舱构成。该机有6片桨叶旋翼，可液压操纵自动折叠。尾桨有5片金属桨叶，与旋翼桨叶结构相似。"超黄蜂"直升机驾驶舱内有正、副驾驶员座椅，具有复式操纵机构和先进的全天候设备。G型有5名乘员，有反潜探测、攻击、拖曳、扫雷和执行其他任务用的各种设备。H型可运送27～30名士兵，内载或外挂5000千克货物，或者携带15副担架和两名医护人员。

基本参数	
机身长度：	23.03米
机身高度：	6.66米
旋翼直径：	18.9米
最大起飞重量：	13000千克
最大速度：	249千米/小时
最大航程：	1020千米

"超黄蜂"直升机示意图

以色列空军装备的"超黄蜂"直升机

南非空军装备的"超黄蜂"直升机

"超黄蜂"直升机在近海执行任务

法国 SA 330 "美洲豹"直升机

SA 330 "美洲豹"（Puma）直升机是法国宇航公司研制的中型通用直升机，1965 年 4 月 15 日首次试飞，1968 年开始服役，总产量为 697 架。除法国空军和陆军使用外，该机还出口到其他三十多个国家。

"美洲豹"直升机采用前三点固定起落架，旋翼为 4 叶，尾桨为 5 叶。该机可视要求搭载导弹、火箭，或在机身侧面与机头分别装备 20 毫米机炮及 7.62 毫米机枪。机身背部并列安装两台透博梅卡"透默"ⅣC 型涡轮轴发动机，单台功率 1175 千瓦。机头为驾驶舱，飞行员 1～2 名，主机舱开有侧门，可装载 16 名武装士兵或 8 副担架加 8 名轻伤员，也可运载货物，机外吊挂能力为 3200 千克。

基本参数	
机身长度：	18.15米
机身高度：	5.14米
旋翼直径：	15米
最大起飞重量：	7500千克
最大速度：	257千米/小时
最大航程：	580千米

"美洲豹"直升机运送士兵

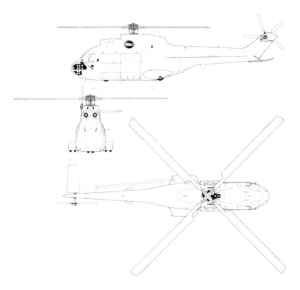
"美洲豹"直升机结构图

"美洲豹"直升机侧面视角

"美洲豹"直升机降落在军舰上

法国 SA 360/361/365 "海豚"直升机

"海豚"（Dauphin）直升机是法国宇航公司研制的通用直升机，原型机于1972年6月首次试飞。之后陆续发展了SA 360、SA 361等单发型号，命名为"海豚"。1975年又推出双发的SA 365，命名为"海豚"Ⅱ。该系列直升机被数十个国家采用，广泛装备各国空军和海军部队。

"海豚"系列直升机各个型号之间的差异较大。以SA 365N型为例，可载13名乘客，也可吊挂1600千克重物。另外，还可安装全套反潜反舰武器，包括全向雷达及鱼雷2枚。而SA 365F是从SA 365N发展而来的反舰型和反潜型，机身两侧挂架下可挂4枚AS.15TT导弹，也可挂载2枚AM39"飞鱼"反舰导弹，可攻击15千米外的敌舰。反潜型则带有磁探仪、声呐浮标及1～2枚自导鱼雷。座舱中可容纳10人。

"海豚"直升机侧面视角

停放在基地的"海豚"直升机

"海豚"直升机结构图

基本参数	
机身长度：	13.2米
机身高度：	3.5米
旋翼直径：	11.5米
最大起飞重量：	3000千克
最大速度：	315千米/小时
最大航程：	675千米

正在执行任务的SA 365N直升机

德国 BO 105 直升机

BO 105 直升机是德国伯尔科夫公司研制的双发多用途直升机。1962年，伯尔科夫公司根据对民用市场、军用要求、技术发展趋势和自身技术水平的调查研究，提出了 BO 105 的研制计划。新式直升机于 1962 年 7 月开始初步设计，1966 年首次试飞。20 世纪 70 年代初，BO 105 直升机开始批量生产，总产量超过 1500 架，智利、阿尔巴尼亚、伊拉克、荷兰、尼日利亚、秘鲁、菲律宾、瑞典等国家的空军均有装备。

BO 105 直升机的机身为普通半硬壳式结构，座舱前排为正、副驾驶员座椅。后排长椅可坐 3～4 人，长椅拆除后可装两副担架或货物。座椅后和发动机下方的整个后机身都可用于装载货物和行李。该机使用普通的滑橇式起落架，舰载使用时可以改装成轮式起落架。BO 105 直升机可携带"霍特"或"陶"式反坦克导弹，还可选用 7.62 毫米机枪、20 毫米 RH202 机炮以及无控火箭弹等。空战时，还可使用 R550"魔术"空对空导弹。

BO 105 直升机结构图

BO 105 直升机停放在军舰上

贴地飞行的 BO 105 直升机

基本参数
机身长度：11.86 米
机身高度：3 米
旋翼直径：9.84 米
最大起飞重量：2500 千克
最大速度：242 千米/小时
最大航程：575 千米

印度 LCH 直升机

LCH（Light Combat Helicopter）直升机是由印度斯坦航空公司（HAL）研制的轻型武装直升机，计划装备印度空军和陆军部队。该机的研制进度屡屡延期，原计划 2008 年的首次试飞一直拖延到 2010 年 3 月。2020 年 6 月，印度军方宣布第一批 LCH 直升机投入使用。

LCH 直升机采用纵列阶梯式布局，机体结构上采用较大比例的复合材料。该机的武器包括 20 毫米 M621 型机炮、"九头蛇" 70 毫米机载火箭发射器、"西北风"空对空导弹、高爆炸弹、反辐射导弹和反坦克导弹等。多种武器装备拓展了 LCH 直升机的作战任务，除传统反坦克和火力压制任务，LCH 直升机还能攻击敌方的无人机和直升机，并且适于执行掩护特种部队机降。LCH 直升机的动力装置为透博梅卡"阿蒂丹"1H 发动机，最大应急功率达到 1000 千瓦。

基本参数
机身长度：15.8 米
机身高度：4.7 米
旋翼直径：13.3 米
最大起飞重量：5800 千克
最大速度：330 千米/小时
最大航程：700 千米

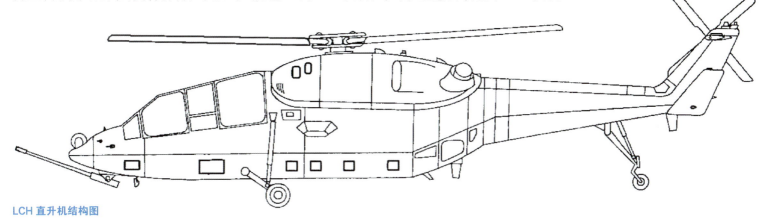
LCH 直升机结构图

LCH 直升机降落

LCH 直升机侧前方视角

南非 CSH-2 "石茶隼" 直升机

CSH-2 "石茶隼"（Rooivalk）直升机是由南非阿特拉斯公司研制的武装直升机，1984 年开始研制，1990 年 2 月首次试飞，1995 年投入使用，主要用户为南非空军。

"石茶隼"直升机的座舱和武器系统布局与美国 AH-64"阿帕奇"直升机很相似：机组为飞行员、射击员两人；纵列阶梯式驾驶舱使机身中而细长；后三点跪式起落架使直升机能在斜坡上着陆，增强了耐坠毁能力；两台涡轮轴发动机安装在机身肩部，可提高抗弹性；采用了两侧短翼来携带外挂的火箭、导弹等武器；前视红外、激光测距等探测设备位于机头下方的转塔内，前机身下安装有外露的机炮。与"阿帕奇"直升机不同的是，"石茶隼"直升机的炮塔安装在机头下前方，而不是在机身正下方。这个位置使得机炮向上射击的空间不受机头遮挡，射击范围比"阿帕奇"直升机大得多。

正在飞行的"石茶隼"直升机

停放在基地中的"石茶隼"直升机

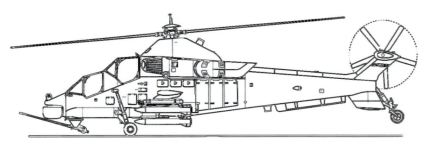

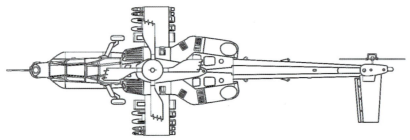

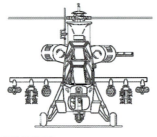
"石茶隼"直升机结构图

基本参数	
机长：	18.73米
机高：	5.19米
旋翼直径：	15.58米
最大起飞重量：	8750千克
最大速度：	309千米/小时
最大航程：	1200千米

仰视"石茶隼"直升机

美国 MQ-1 "捕食者" 无人机

MQ-1 "捕食者"（Predator）无人机是美国通用原子技术公司研制的无人攻击机，1994 年 7 月首次试飞，1995 年 7 月开始批量生产并进入美国空军服役，截至 2021 年仍在生产，总产量超过 360 架。

MQ-1 无人机可在粗略准备的地面上起飞升空，起降距离约 670 米，起飞过程由遥控飞行员进行视距内控制。在回收方面，MQ-1 无人机可以采用软式着陆和降落伞紧急回收两种方式。该机可以在目标上空逗留 24 小时，对目标进行充分的监视，最大续航时间高达 60 小时。MQ-1 无人机的侦察设备在 4000 米高处的分辨率为 0.3 米，对目标定位精度达到极为精确的 0.25 米。

基本参数	
机身长度	8.22米
机身高度	2.1米
翼展	14.8米
最大起飞重量	1020千克
最大速度	217千米/小时
最大航程	3704千米

【战地花絮】

MQ-1 无人机从 1995 年服役以来，参加过阿富汗、波斯尼亚、塞尔维亚、伊拉克、也门和利比亚的战斗。2011 年 9 月，美国空军国民警卫队表示尽管存在预算削减的困难，他们仍将继续采用 MQ-1 无人攻击机。

MQ-1 "捕食者" 无人机结构图

MQ-1 "捕食者" 无人机在高空飞行

MQ-1 "捕食者" 无人机正在飞行

跑道上的 MQ-1 "捕食者" 无人机

美国 RQ-4 "全球鹰" 无人机

RQ-4 "全球鹰" （Global Hawk）无人机是美国诺斯罗普·格鲁曼公司研制的无人侦察机，1995年开始研制，1998年2月28日首次试飞，稍后开始服役，美国空军、美国海军和美国国家航空航天局均有装备。

RQ-4 无人机可以为后方指挥官提供战场全面监测或监视细部目标的能力。它装有高分辨率合成孔径雷达（SAR），可以透过云层和风沙进行侦察，还有光电红外线模组（EO/IR），可提供长程长时间全区域动态监视。RQ-4 无人机还可以进行波谱分析的谍报工作，也能帮助空军导引导弹，使误击率降低。RQ-4 无人机的动力装置为 1 台劳斯莱斯 F137-RR-100，推力为 34 千牛。

基本参数
- 机身长度：14.5米
- 机身高度：4.7米
- 翼展：39.9米
- 最大起飞重量：14628千克
- 最大速度：629千米/小时
- 最大航程：22779千米

【战地花絮】

2001年4月24日，一架 RQ-4 无人机以不中停方式从美国加州爱德华空军基地直飞澳大利亚爱丁堡空军基地，创下无人机飞越太平洋的纪录，一共飞行了22小时。

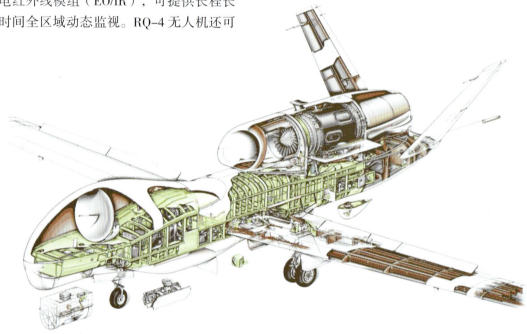

RQ-4 "全球鹰" 无人机结构图

RQ-4 "全球鹰" 无人机高空飞行

跑道上的 RQ-4 "全球鹰" 无人机

机库中的 RQ-4 "全球鹰" 无人机

美国 MQ-9 "收割者" 无人机

MQ-9 "收割者"（Reaper）无人机是美国通用原子技术公司研发的长程作战无人机，2001年首次试飞，2007年开始服役，主要用户为美国空军、英国皇家空军、荷兰空军、意大利空军和法国空军，总产量约100架。

MQ-9无人机被设计成主要为地面部队提供近距空中支援的攻击型无人机，此外还可以在危险地区执行持久监视和侦察任务。该机装备有先进的红外设备、电子光学设备，以及微光电视和合成孔径雷达，拥有不俗的对地攻击能力，并拥有卓越的续航能力，可在战区上空停留数小时之久。此外，MQ-9无人机还可以为空中作战中心和地面部队收集战区情报，对战场进行监控，并根据实际情况开火。相比MQ-1无人机，MQ-9无人机的动力更强，飞行速度可达MQ-1无人机的3倍，而且拥有更大的载弹量。

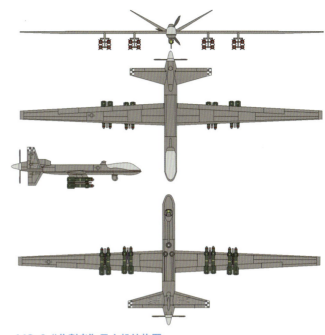

MQ-9 "收割者" 无人机结构图

基本参数
机身长度：11米
机身高度：3.8米
翼展：20米
最大起飞重量：4760千克
最大速度：482千米/小时
最大航程：1852千米
实用升限：15000米

MQ-9 "收割者" 无人机准备起飞

MQ-9 "收割者" 无人机正在检修

美国 RQ-11 "大乌鸦" 无人机

RQ-11 "大乌鸦"（Raven）无人机是美国航宇环境公司研制的无人侦察机，2001年10月首次试飞，2003年5月开始服役，在美国主要装备空军、陆军和海军陆战队，此外还出口到其他二十多个国家。

RQ-11无人机很大程度地延伸了美军基本单位的视界，使他们具有了超地平线的情报监视和侦察能力。在使用时，仅需一名士兵抛射即可起飞。改进型采用"凯夫拉"纤维增强复合材料制造，结构更加坚固。该机静音性良好，在90米高度以上飞行时，地面人员基本上听不到电动马达的声音，再加上较小的体积，所以很少遭受敌方地面火力的攻击。

RQ-11 "大乌鸦" 无人机高空飞行

美军士兵检修 RQ-11 "大乌鸦" 无人机

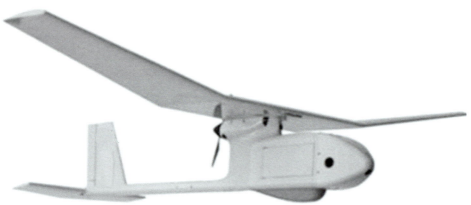

RQ-11 "大乌鸦" 无人机示意图

基本参数
- 机身长度：1.09米
- 机身高度：0.2米
- 翼展：1.3米
- 最大起飞重量：1.9千克
- 最大速度：97千米/小时
- 最大航程：10千米

【战地花絮】

美国陆军于1999年购买了4架FQM-151 "指针" 无人机作测试之用，从而发现了小型无人机所具有的重大战术价值。由于"指针" 无人机系统的地面控制站过大，机动不便，所以要求航宇环境公司研制出一种较小的地面站，后来该公司又研制出了体积更小的无人机，这就是"大乌鸦" 无人机。

美军士兵投放 RQ-11 "大乌鸦" 无人机

美国 RQ-170 "哨兵" 无人机

RQ-170 "哨兵"（Sentinel）无人机是美国洛克希德·马丁公司研制的隐形无人机，由著名的"臭鼬"工厂设计。RQ-170 无人机于 2007 年开始服役，因在阿富汗的坎大哈国际机场首次露面，所以又被称为"坎大哈野兽"。

RQ-170 无人机沿用了"无尾飞翼式"的设计理念，外形与 B-2 隐形轰炸机相似，如同一只回旋镖。与 F-117A 隐形战斗机和 B-2 隐形轰炸机不同的是，RQ-170 无人机的机翼并没有遮蔽排气装置，这样做的目的可能是为了避免敏感部件进入飞机平台后遭遇操作损失，并最终导致这样的技术误入他人之手。

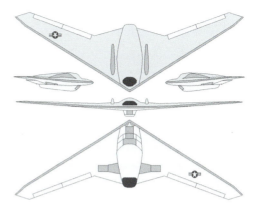

RQ-170 "哨兵" 无人机结构图

基本参数	
机身长度：4.5米	
机身高度：1.8米	
翼展：12米	
最大起飞重量：3856千克	
最大速度：未公开	
最大航程：未公开	

RQ-170 "哨兵" 无人机起飞

RQ-170 "哨兵" 无人机在山区飞行

美国 X-37B 无人机

X-37B 无人机是美国波音公司研制的世界上第一架既能在地球轨道上飞行、又能进入大气层的无人航空器。1998 年，美国国家航空航天局的马歇尔研究中心提出了 Future-X 计划，其结果就是 X-37A 无人机。2006 年 11 月，美国空军宣布将在 X-37A 的基础上发展 X-37B 无人机。2010 年 4 月 22 日，X-37B 无人机进行首次轨道试验。

基本参数	
机身长度：8.92米	机身高度：2.9米
翼展：4.55米	轨道速度：28044千米/小时
最大起飞重量：4990千克	轨道飞行时间：270天（设计）

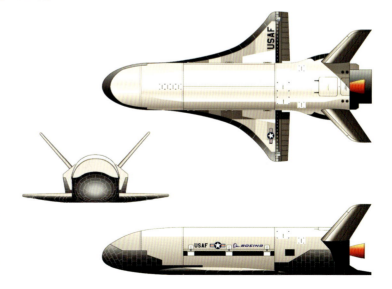

X-37B 无人机结构图

X-37B无人机的发射方式多样,它不但能够装在"宇宙神"火箭的发射罩内发射,也可从佛罗里达的卡纳维拉尔角起飞。X-37B无人机在绕地球飞行之后,能够自行在美国加利福尼亚州降落,使用范登堡空军基地长4600米、宽61米的跑道着陆,该基地也是航天飞机的紧急着陆场。另外,它还可以在爱德华兹空军基地着陆。

X-37B无人机准备起飞

X-37B无人机返回基地

美国"复仇者"无人机

"复仇者"(Avenger)无人机是美国通用原子技术公司研制的隐身无人战斗机,是在MQ-9无人机的基础上研制而成的,最初研制代号为"捕食者"(Predator)C,原型机于2009年4月首次试飞,截至2021年仍未正式服役。

"复仇者"无人机体积庞大,动力装置为推力17.75千牛的普惠加拿大PW545B喷气发动机,该发动机可让"复仇者"无人机的飞行速度达到"捕食者"无人机的3倍以上。"复仇者"无人机有一个长达3米的内置武器舱,可携带227千克级炸弹,包括GBU-38型制导炸弹制导组件和激光制导组件。另外还可以将武器舱拆掉,安装一个半埋式广域监视吊舱。在执行非隐身任务时,可在机身和机翼下挂装武器和其他任务载荷(包括附加油箱),总挂载能力为2900千克。

"复仇者"无人机示意图

基本参数
机身长度:13.2米
翼展:20.1米
最大起飞重量:8255千克
最大速度:740千米/小时
续航时间:20小时
实用升限:18288米

飞行中的"复仇者"无人机

"复仇者"无人机及其机载武器

以色列"侦察兵"无人机

"侦察兵"（Scout）无人机是以色列航空工业公司研制的无人侦察机，1977年开始服役。除以色列使用外，还曾出口到南非和瑞士等国。

"侦察兵"无人机可以利用起落架起落，也可弹射起飞，用拦阻索着陆。制导和控制采用预储程序和地面遥控组合形式。搭载的机载设备包括塔曼电视摄像机、激光指示/测距仪、全景照相机和热成像照相机等。"侦察兵"无人机的机体大量采用复合材料制造，在1600米上空盘旋时，地面人员无法通过肉眼发现。该机还有噪音处理装置，再加上飞行速度也较快，所以隐蔽性非常优秀。

【战地花絮】
"侦察兵"无人机在1982年以军发动的"加利利和平"行动中以及以色列入侵黎巴嫩战争后都有使用，将其用于在叙利亚和黎巴嫩上空进行侦察。

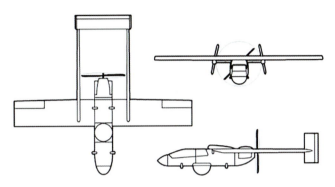
"侦察兵"无人机结构图

基本参数
机身长度：3.68米
翼展：4.96米
最大起飞重量：159千克
最大速度：176千米/小时
最大航程：100千米
实用升限：4575米

"侦察兵"无人机（前）和"苍鹭"无人机（后）

航展上的"侦察兵"无人机

以色列"搜索者"无人机

"搜索者"（Searcher）无人机是以色列航空工业公司研制的无人侦察机，1992年开始服役。改进型为"搜索者"Mk2，1998年开始服役。"搜索者"系列无人机除装备以色列空军外，还出口到印度、斯里兰卡、印度尼西亚、韩国、新加坡和西班牙等国。

航展上的"搜索者"无人机

基本参数
机身长度：5.85米
机身高度：1.25米
翼展：8.54米
最大起飞重量：500千克
最大速度：200千米/小时
实用升限：6100米

"搜索者"Mk2采用后掠机翼，发动机、通信系统和导航系统也较最初型号有了改进，具有良好的空气动力学性能，滞空时间长，操作起来也非常方便。飞行高度可达6000米以上，续航时间18小时，可携带1200毫米彩色电荷耦合器件（CCD）视频摄像机用于昼间使用和前视红外雷达（FLIR）用于夜间观察，主要用途为监视、侦察、目标捕获及火炮校准，能够自动起飞和降落。

【战地花絮】

"搜索者"Mk2属于以色列第四代无人机系统，于1998年推出。同年，"搜索者"Mk2无人机就坠毁了4架。以色列国防军发言人称，由于"搜索者"出动频率高，所以相较而言坠毁数量并不算多。

新加坡军队装备的"搜索者"无人机

"搜索者"Mk2无人机

以色列"哈比"无人机

"哈比"（Harpy）无人机是以色列航空工业公司研制的主要用于反雷达的无人攻击机，1997年在法国巴黎航展上首次公开露面。除装备以色列空军外，韩国也于2000年进口了100架"哈比"无人机。此外，土耳其和印度也有装备。

"哈比"无人机有航程远，续航时间长，机动灵活，反雷达频段宽，智能程度高，生存能力强和可以全天候使用等特点。它采用三角形机翼，活塞推动，火箭加力。机上配有计算机系统、红外制导弹头和全球定位系统等，并用软件对打击目标进行了排序。它可以从卡车上发射，并沿着预先设定的轨道飞向目标所在地，然后发动攻击并返回基地。如果发现了陌生的雷达，"哈比"无人机会撞向目标，与之同归于尽，其搭载的32千克高爆炸药可有效摧毁雷达。

航展上的"哈比"无人机

俯视"哈比"无人机

基本参数	
机身长度：	2.7米
机身高度：	0.36米
翼展：	2.1米
最大起飞重量：	135千克
最大速度：	185千米/小时
最大航程：	500千米

以色列"苍鹭"无人机

"苍鹭"（Heron）无人机是以色列航空工业公司研制的长程无人机，研制计划始于1993年底，并于1994年10月进行了第一架原型机的试飞。该机的设计用途为实时监视、电子侦察和干扰、通信中继和海上巡逻等。目前，"苍鹭"无人机已装备以色列空军、印度空军、印度海军、德国空军、土耳其空军、摩洛哥空军等。

"苍鹭"无人机广泛使用复合材料，采用整体油箱机翼、可收放式起落架、大型机舱、大功率电源系统等设计，其大型机舱可根据任务需要换装不同的设备。动力装置为1台四冲程活塞发动机，功率为74.6千瓦。该机装有大型监视雷达，可同时跟踪32个目标。采用轮式起飞和着陆方式，飞行中则由预先编好的程序控制。

基本参数
机身长度：8.5米
机身高度：3.5米
翼展：16.6米
最大起飞重量：1150千克
最大速度：207千米/小时
最大航程：350千米

【战地花絮】

　　澳大利亚曾租用"苍鹭"无人机用于阿富汗作战，以支持部署在阿富汗的国际安全援助部队。除澳大利亚外，法国和德国也在阿富汗使用"苍鹭"无人机。

"苍鹭"无人机起飞

"苍鹭"无人机在高空飞行

第6章 致命威慑——空军导弹与炸弹

导弹和炸弹是空军各类作战飞机的主要武器，也是空军作战能力的重要组成部分。导弹是现代高科技的产物，具有不同于一般进攻性武器的突出特点，尤其是其威力大、射程远、精度高、突防能力强的显著特性，使其成为了具有超强进攻性和强大威慑力的武器。炸弹则主要被轰炸机、战斗轰炸机等使用，炸弹一般不具备动力，但其威力与导弹不相上下。本章主要介绍各国空军使用过的重要导弹和炸弹。

美国 AIM-7 "麻雀"空对空导弹

AIM-7 "麻雀"空对空导弹由美国雷神公司研制，是西方国家在 20 世纪 50～90 年代间最主要的超视距空战武器。截至 2021 年，该导弹仍在多个国家服役，但正被更先进的 AIM-120 先进中程空对空导弹逐步取代。

AIM-7 导弹是一种中程半主动雷达制导的空对空导弹，分成四个主要区段，即导引段、弹头、控制器、火箭发动机（目前使用的是力士 MK-58 固态火箭推进器）。弹体为长圆柱形，中段与尾段各有 4 片弹翼。弹头采用连续杆型式。与其他半主动雷达制导的导弹相同，AIM-7 导弹自身不发射雷达波，而是借由发射平台的雷达波在目标上反射的连续波讯号导向目标。

基本参数	
长度：	370厘米
直径：	20厘米
翼展：	81.3厘米
重量：	230千克
有效射程：	40千米
最大速度：	4马赫

AIM-7 "麻雀"空对空导弹示意图

美国 F-15 战斗机正在发射 AIM-7 "麻雀"空对空导弹

美军攻击机正在发射 AIM-7 "麻雀"空对空导弹

运输中的 AIM-7 "麻雀"空对空导弹

美国 AIM-9"响尾蛇"空对空导弹

AIM-9"响尾蛇"（Sidewinder）空对空导弹是美国雷神公司研制的短程空对空导弹，1956年开始服役，美国四大军种均有使用。除美国外，还有其他五十多个国家装备。该导弹型号众多，包括AIM-9A、AIM-9B、AIM-9C、AIM-9D、AIM-9E、AIM-9G、AIM-9H、AIM-9I、AIM-9J、AIM-9K、AIM-9L、AIM-9M、AIM-9N、AIM-9P、AIM-9Q、AIM-9R、AIM-9S 和 AIM-9X 等。

AIM-9 导弹的大多数型号为红外线导引，只有 AIM-9C 为半主动雷达导引。由于 AIM-9C 之前的型号只能由目标的后方锁定攻击，使用上的限制比较大，如果改用半主动雷达导引，配备 AIM-9C 的战斗机就可以采取对头攻击。AIM-9X 是"响尾蛇"导弹的最新型号，它以 AIM-9M 的固态推进火箭与弹头，配合全新设计的红外线影像寻标头与导引系统，缩小的弹翼与控制面以及燃气舵等，将"响尾蛇"导弹的能力提升到一个全新的层面。

训练使用的 AIM-9"响尾蛇"空对空导弹

正在挂装于机翼的 AIM-9 导弹

AIM-9"响尾蛇"空对空导弹示意图

基本参数			
长度：302厘米		直径：12.7厘米	
翼展：27.9厘米		重量：85.34千克	
有效射程：35.4千米		最大速度：2.5马赫	

美国 AGM-12"犊牛犬"空对地导弹

AGM-12"犊牛犬"（Bullpup）空对地导弹是由美国马丁·玛丽埃塔公司研制的短程空对地导弹，研制计划最初由美国海军提出，1955年进行了试射，此时美国空军也对其产生兴趣，并同样交由马丁·玛丽埃塔公司负责研制。两种版本在研制过程中逐渐统一了设计，并于1963年都将编号改为了 AGM-12。

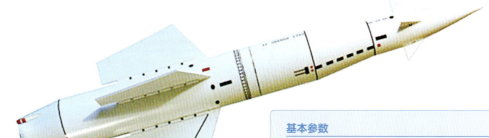

AGM-12"犊牛犬"空对地导弹结构图

基本参数			
长度：410厘米		直径：46厘米	
翼展：120厘米		重量：810千克	
有效射程：19千米		最大速度：1.8马赫	

AGM-12 导弹采用无线电指挥制导设计，在靠近弹头的部分有固定小翼，主要的控制面是靠近尾端的大型翼面。飞行员先以目视标定目标，在发射导弹之后利用尾端的两个火焰讯号作为追踪和调整的来源，并使用飞机内部的一个小操纵杆控制导弹的飞行。这种导引装置非常简单，使用的飞机不需要特别改装，因此当时许多飞机都可以使用，包括直升机在内。不过，这种设计需要飞行员将自己、导弹与目标放在同一条线上才能顺利瞄准与修正，在导引的过程当中，飞机不能进行回避的动作，如此一来反而与设计的初衷背道而驰。

展览中的 AGM-12 导弹

美国 AGM-28 "大猎犬" 巡航导弹

AGM-28 "大猎犬"（Hound Dog）空对地导弹是美国北美航空公司研制的多用途超音速喷气动力空射巡航导弹，最初代号为 B-77，随后更改为 GAM-77，最终定为 AGM-28。

AGM-28 导弹采用小型三角弹翼和鸭式布局，由一台普惠 J52-P-3 发动机驱动，安装在尾部弹身下方的吊舱内。该导弹安装的热核弹头是 W28 级 D 核弹（W28 Class D bomb），可以产生 7 万 ~ 145 万吨当量的威力，可以设定为着地或在固定高度空爆。空爆可以用于攻击大片区域的软目标，地表接触起爆则用于攻击硬目标，如导弹基地或指挥控制中心。

博物馆中的 AGM-28 "大猎犬" 空对地导弹

机翼下挂载的 AGM-28 "大猎犬" 空对地导弹

带有发动机吊舱的 AGM-28 "大猎犬" 空对地导弹

基本参数	
长度：1295厘米	直径：71厘米
翼展：371厘米	重量：4603千克
有效射程：1263千米	最大速度：2.1马赫

美国 AIM-54 "不死鸟" 空对空导弹

AIM-54 "不死鸟"（Phoenix）空对空导弹是美国雷神公司和休斯飞机公司（现为休斯导弹系统公司）联合研制的主动雷达制导空对空导弹，1974年开始服役，主要用于美国海军和伊朗空军装备的F-14 "雄猫"战斗机。

F-14战斗机配备的AWG-9雷达在边扫描边攻击模式下具备同时跟踪24个目标，使用"不死鸟"导弹攻击其中6个目标的能力。战斗中F-14机组一旦确认锁定目标，满足发射条件就可以发射"不死鸟"导弹，飞行员和雷达控制官座舱中的大型战术信息显示器将敌我态势等信息不间断地显示给机组成员。更重要的是，在"不死鸟"导弹发射后，AWG-9雷达可以继续搜索／跟踪其他目标，战斗机对付饱和攻击的能力大大增强。"不死鸟"导弹的缺点在于体积巨大，从服役到退役都只装备在F-14战斗机上，且一次出击最多只能装载6枚。此外，"不死鸟"导弹的造价较高，使用条件也较苛刻。

AIM-54 "不死鸟" 空对空导弹示意图

基本参数	
长度：400厘米	直径：38厘米
翼展：91厘米	重量：470千克
有效射程：190千米	最大速度：5马赫

【战地花絮】

在"不死鸟"导弹服役之前，绝大多数美军战斗机都选择体积、射程相对比较小，价格相对低廉的AIM-7 "麻雀"导弹作为标准的中程空对空导弹。然而，"麻雀"采用的是半主动雷达制导方式，导弹飞行过程中机载雷达必须保证连续跟踪单个目标。这意味着在导弹击中目标之前，机载雷达无法持续搜索新的目标，这样战斗机的战斗效能就大打折扣。

公园内展出的"不死鸟"导弹

携带6枚"不死鸟"导弹的美军战机

美国 AGM-65 "小牛"空对地导弹

AGM-65"小牛"(Maverick)空对地导弹由美国休斯飞机公司研制,用以攻击坦克、装甲车、机场飞机、导弹发射场、炮兵阵地、野战指挥所等小型固定或活动目标,以及大型固定目标。该导弹于1965年开始设计,1969年12月首次进行空中发射试验,1971年7月开始生产,1973年1月基本型AGM-65A开始服役。

"小牛"导弹的弹体为圆柱形,4个三角形弹翼与尾舵为X形配置,动力装置为双推力单级固体火箭发动机,战斗部为穿甲爆破杀伤型,可用四种发射架发射。该导弹有电子制导、激光制导和红外热成像制导三种成像制导类型。电子制导适宜在晴朗的白天使用,当发现目标后,飞行员通过电视摄像机的目标图像,发射并操纵导弹进行攻击;激光制导无论白天和黑夜都能使用,但在不良气象条件下(如雨天、雾天)使用效果不佳;红外热成像制导优点突出,具有全天候作战能力,在白天、黑夜、不良气象条件下和硝烟弥漫的战场环境中均能使用。由于采用模块化舱段设计,"小牛"导弹能根据作战要求,由不同的载机选择适用的导弹型号,因而具有全天候、全地形作战使用能力。

基本参数	
长度:249厘米	直径:30厘米
翼展:71厘米	重量:304千克
有效射程:22千米	最大速度:0.9马赫

【战地花絮】

休斯飞机公司在AGM-65A基础上不断改进发展,形成了一个由AGM-65A/B/C/D/E/F/G/H共8个型号组成的完整的战术空对地导弹系列,其性能水平跨越第二、三代空对地导弹。该系列导弹广泛装备美国海军、空军的各种作战飞机,如F-4、F-5、F-16、F-111、A-4、A-6、A-7、A-10、AV-8A、F/A-18等。

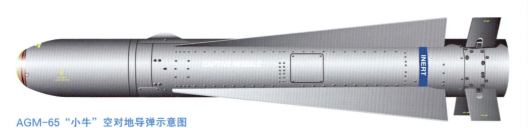

AGM-65"小牛"空对地导弹示意图

美军战机挂载的"小牛"导弹

美国空军战机发射"小牛"导弹

美国 AGM-78 "标准" 反辐射导弹

AGM-78 "标准"（Standard）反辐射导弹由美国通用电气公司研制，1968年开始服役，总产量超过3000枚。20世纪80年代末，AGM-78 反辐射导弹逐渐被 AGM-88 反辐射导弹取代。

AGM-78 导弹采用正常式气动外形布局，4片小展弦比、矩形边条弹翼从弹体中部延至后部，4片切梢三角形活动尾翼位于弹体尾部，弹体呈圆柱形，头部呈尖锥形，弹体内部采用舱段式结构。各个型号的气动外形布局相同，使用同一种弹体结构，只是使用的导引头有区别。AGM-78A 使用得克萨斯仪器公司研制的导引头，AGM-78B/C/D 使用麦克逊电子公司研制的宽频带导引头。AGM-78 导弹的动力装置为1台航空喷气通用公司生产的两级推力固体火箭发动机，AGM-78B 使用 MK 27 Mod 4 型，AGM-78C 使用 MK 27 Mod 5 型，AGM-78D 使用 MK 27 Mod 6 型。

基本参数	
长度：457厘米	直径：34.3厘米
翼展：108厘米	重量：620千克
有效射程：90千米	最大速度：1.8马赫

携带 AGM-78 "标准" 反辐射导弹的 F-105 战斗机

AGM-78 "标准" 反辐射导弹示意图

博物馆中的 AGM-78 "标准" 反辐射导弹

美国 AGM-84 "鱼叉" 反舰导弹

AGM-84 "鱼叉"（Harpoon）反舰导弹由美国麦克唐纳·道格拉斯公司研制，1969年开始方案论证，1970年11月确定开发计划，1972年12月开始飞行试验，1975年7月开始批量生产，1977年正式服役。在美国三军通用编号当中，AGM-84 为空射型，RGM-84 为舰射型，UGM-84 则是水下潜艇发射型，但是三者的基本结构都相同。

AGM-84 导弹的导引方式、尺寸重量的等级与同时期的法制 "飞鱼" 反舰导弹类似，但是采用涡轮发动机推进使得射程较后者大幅增加（"飞鱼" 导弹使用固态火箭作为动力）。AGM-84 导弹的弹体拥有两组十字形翼面，位于弹体中部的是4片大面积梯形翼，弹尾则设有四面较小的全动式控制面，两组弹翼前后完全平行，而且均为折叠式，折叠幅度为弹翼的一半。此外，舰射、潜射型的火箭助推器上也有一组十字形稳定翼。为了减轻重量，除了战斗部、加力器采用钢质结构外，AGM-84 导弹其余的外壳、翼面都采用铝合金制造，整枚导弹由前而后依次为导引段、战斗部、推进段与尾舱。

AGM-84"鱼叉"反舰导弹结构图

基本参数	
长度：460厘米	直径：34厘米
翼展：91厘米	重量：628千克
有效射程：280千米	最大速度：0.85马赫

携带"鱼叉"反舰导弹的F-16战斗机正在起飞

展出的AGM-84"鱼叉"反舰导弹

【战地花絮】

AGM-84导弹发射前，需由探测系统提供目标数据，然后输入导弹控制计算机内。导弹发射后，迅速下降至60米左右的巡航高度，以0.75马赫的速度飞行。在离目标一定距离时，导引头会根据选定的方式，开始搜索前方的区域。捕获到目标后，AGM-84导弹进一步下降高度，并贴近海面飞行。当接近敌舰时，AGM-84导弹会突然跃升，然后向目标俯冲，穿入舰桥内部爆炸。

美国AGM-88"哈姆"反辐射导弹

AGM-88"哈姆"（HARM）反辐射导弹由美国得克萨斯仪器公司研制，1985年开始服役。除美国外，澳大利亚、德国、希腊、意大利、日本、西班牙、韩国、阿拉伯联合酋长国、土耳其等国也有使用。

AGM-88导弹作战使用时有三种方式：自卫方式，即通过机载雷达搜索发现目标雷达，由导弹控制计算机对目标进行分类拣选，确定攻击的目标并发射；攻击随机目标方式，其选择目标和发射方式与自卫方式一样，但要利用导弹导引头选定威胁最大的雷达并实施攻击；预定攻击方式，即根据事先已知的目标位置发射导弹，发射后不再接收载机指令，导弹能有效地搜索、分类和识别所有辐射源，并按预先指令自动对威胁最大的目标进行跟踪，直至将其摧毁。这种方式更适合攻击远距或停机的雷达目标。总的来说，AGM-88导弹射速高、射程远、频带宽，可最大限度压缩敌方反应时间，可攻击现役各种型号的雷达。此外，AGM-88导弹不受载机过载及机动限制。

F-16战斗机发射AGM-88导弹

AGM-88"哈姆"反辐射导弹示意图

基本参数	
长度：410厘米	直径：25.4厘米
翼展：110厘米	重量：355千克
有效射程：150千米	最大速度：1.86马赫

美国 AGM-114 "地狱火" 空对地导弹

AGM-114 "地狱火"（Hellfire）空对地导弹由美国洛克希德·马丁公司研制，1984年开始服役。为使导弹具有全天候作战能力，并能适应各种战场环境和气象条件，美军还在不断研究和改进"地狱火"导弹的制导系统，使之成为能配用多种导引头的模块化的导弹系统，目前已发展成包括A、B、C、D、K、M、N、L等多种型号在内的具有多种作战功能的导弹家族。

基本型AGM-114A使用半主动激光导引头，AGM-114B则具有半主动激光、射频/红外和红外成像三种导引头选择，在尺寸和质量上比基本型略大。AGM-114C与AGM-114B基本相同，只是没有保险装置。AGM-114D配有串联装药战斗部，较基本型更长、质量更大。AGM-114K装高爆炸药，用于打击装甲目标，被认为达到第四代反坦克导弹水平。AGM-114M破裂型可有效对打击舰只、岩洞、轻型装甲、建筑物、掩体及其他城市目标。AGM-114N采用热压战斗部，是专门为攻击地上坚固建筑物和地下目标而设计。AGM-114L使用高爆弹头，装备毫米波寻的器，适合在恶劣天气下打击目标，具有全天候作战能力和发射后不管能力。

AGM-114 "地狱火" 空对地导弹示意图

基本参数
长度：163厘米
直径：17.8厘米
翼展：33厘米
重量：49千克
有效射程：8千米
最大速度：1.3马赫

携带4枚"地狱火"空对地导弹的美国空军无人机

挂载于机翼下的AGM-114导弹

美国 AIM-120"监狱"空对空导弹

AIM-120"监狱"(Slammer)空对空导弹是美国休斯飞机公司研制的主动雷达导引空对空导弹,也被称为先进中程空对空导弹(Advanced Medium-Range Air-to-Air Missile,缩写为 AMRAAM),1991年开始服役。

AIM-120 导弹采用大长细比、小翼展、尾部控制的正常式气动外形布局。该导弹具有全天候、超视距作战的能力,增进了美国未来在空战中的优势。AIM-120 导弹比美国以往的空对空导弹飞得更快、更小、更轻,也更能有效地对付低空目标。内部整合的主动雷达、惯性基准元件和微电脑设备也减少了 AIM-120 导弹对发射平台火控系统的依赖性。一旦接近目标,AIM-120 导弹将会启动本身的主动雷达来拦截目标。这种称为射后不理的功能,让驾驶员不需持续地以雷达照明锁定敌机,也让驾驶员能同时攻击数个目标,并在导弹锁定敌人后进行回避动作。

美军战斗机携带的 AIM-120 导弹(上)和 AIM-9 导弹(下)

AIM-120"监狱"空对空导弹示意图

F-35 战斗机试射 AIM-120 导弹

基本参数

长度:370厘米	直径:18厘米
翼展:53厘米	重量:152千克
有效射程:160千米	最大速度:4马赫

【战地花絮】

AIM-120 导弹广泛应用了20世纪70年代以来美国在结构材料、制导和控制、雷达技术、固态电子学、高速数字计算机等技术领域所取得的成果,反映了世界空对空导弹领域在20世纪70~80年代所达到的最高水平。

美国 AIM-4 "猎鹰" 空对空导弹

AIM-4 "猎鹰"（Falcon）空对空导弹是美国研制的短程空对空导弹，也是美军装备的第一种空对空导弹，1956年开始服役。1946年，美国休斯飞机公司获得了编号为MX-798的研究项目的合同，要求开发一种亚音速空对空导弹。1947年，项目编号改为MX-904，导弹的速度要求超过音速。原计划该导弹是自轰炸机上发射，作为其自卫火力，但1950年后决定将其装备战斗机，负责截击任务，用来对付携带原子弹的大型轰炸机。1949年，军方编号为XAAM-A-2的导弹进行了第一次试射，并给予了"猎鹰"的昵称。1951年美国空军将其编号改为F-89，1955年又改为GAR-1。直到1963年，才改为三军统一编号AIM-4。

"猎鹰"导弹采用圆柱形弹体、半球形天线罩，其中弹体为镁合金铸件，导弹头部靠后为4片梯形翼面，在弹体上呈十字形布局，也为镁合金制造，并覆盖一层塑料薄膜。而弹尾则装有4片方向舵，也呈十字形布局。"猎鹰"导弹主要采用半主动雷达制导方式，采用比例引导方式。

早期的"猎鹰"导弹有一个小型破片战斗部，重3.4千克，由于战斗部威力太小，其杀伤半径也很小，限制了"猎鹰"导弹的战术运用。更严重的是"猎鹰"导弹的战斗部没有配备近炸引信，而且引信安装位置也不太合理。这两点使得"猎鹰"导弹必须采用直接撞击的办法才能杀伤目标。后期型号进行改进后，这些问题才得到缓解。

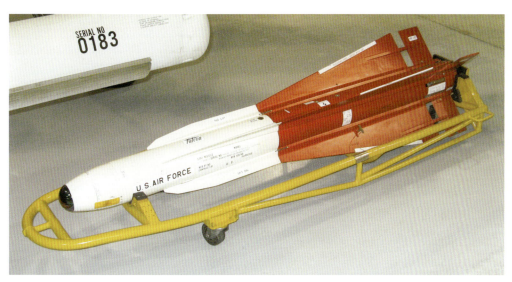

AIM-4 导弹

准备装载的 AIM-4 导弹

正在装载到 F-106 战斗机机翼下的 AIM-4 导弹

基本参数

长度：198厘米	直径：16.3厘米	翼展：50.8厘米
重量：3.4千克	最大速度：3马赫	有效射程：9.7千米

美国 AGM-130 空对地导弹

AGM-130 导弹是罗克韦尔公司在其为美国空军研制的 GBU-15 制导炸弹基础上发展的防区外空对地导弹,用来攻击敌方严密设防的坚固目标,如指挥中心、桥梁、机场、港口、高炮阵地和导弹发射场等。

AGM-130 导弹于 1984 年 9 月开始研制,1985 年 9 月开始飞行试验,1994 年完成研制,同年进入现役。由于是在现役 GBU-15 制导炸弹基础上改进而来,因而所需研制经费较少,仅花费 180 万美元。经过不断改进升级,现已形成了一个由 AGM-130A/B/C/D/E 多种型号组成的空对地导弹系列。2013 年,AGM-130 导弹退出现役。

AGM-130 导弹采用与 GBU-15 炸弹完全相同的气动外形布局,即采用 GBU-15 的全套空气动力组件,弹体前部有 4 片固定式梯形前翼,弹体尾部有 4 片较大的矩形弹翼,每片弹翼后缘各带 1 片控制舵面,弹体呈圆柱形,头部呈半球形,发动机吊挂在弹体下方。

AGM-130 导弹可选用的战斗部有三种:第一种是 Mk 84 炸弹,壳体较薄,属爆破杀伤型;第二种是 Suu-54 子母弹箱,内装 396 枚 BLU-97/B 复合效应小炸弹或混合装备 15 枚 BLU-106/B 带推力动能破甲炸弹和 75 枚 HB876 型杀伤地雷;第三种是 I-2000 战斗部,用 BLU-109/B 炸弹制成,弹壳很厚,弹头尤为坚固,在接触角为 60 度时可穿透 2.4 米厚水泥板。

AGM-130 导弹示意图

基本参数
- 长度:390 厘米
- 直径:46 厘米
- 翼展:150 厘米
- 重量:1323 千克
- 最大速度:1.6 马赫
- 有效射程:75 千米

运输中的 AGM-130 导弹

携带 AGM-130 导弹的 F-15E 战斗轰炸机

美国 AGM-86 巡航导弹

AGM-86 巡航导弹是波音公司为美国空军研制的空射巡航导弹，1982年开始服役，主要由 B-52H 战略轰炸机携带并发射。

AGM-86 巡航导弹的外形如同一架小型飞机，弹体为上窄下宽的箱形，弹头为卵形。发动机进气斗在弹体上方，采用两翼面加垂尾布局，弹体中部弹翼安装在弹体下方，尺寸较大，后掠明显，弹尾部弹翼尺寸较小，安装有垂直翼面。

AGM-86 巡航导弹的体积小、高度低，雷达难以探测和跟踪。该导弹的射程达 1100～2400 千米，发射载机距离目标防区远，是防区外空中火力打击的主要力量。AGM-86 巡航导弹的威力大，精度也较高，圆概率误差为 30 米，战斗部也可加装非核电磁发生器，能准确打击并有效摧毁预定目标。AGM-86 巡航导弹的弱点在于弹速低，易被拦截。另外，无法打击运动目标，作战效费比低于激光制导武器。

基本参数
长度：630厘米
直径：62厘米
翼展：370厘米
重量：1430千克
最大速度：0.73马赫
有效射程：2400千米

飞行中的 AGM-86 巡航导弹

AGM-86 巡航导弹导弹示意图

博物馆中的 AGM-86 巡航导弹

展出中的 AGM-86 巡航导弹

携带 AGM-86 巡航导弹的 B-52 轰炸机

美国 AGM-158 联合空对地防区外导弹

AGM-158 联合空对地防区外导弹（Joint Air-to-Surface Standoff Missile，简称 JASSM）是美国洛克希德·马丁公司研制的空射巡航导弹，2009 年开始服役。

AGM-158 导弹采用涡轮喷射发动机，可使用爆破杀伤弹和穿甲弹等多种类型的战斗部，采用惯性制导加 GPS 中制导与红外成像末制导，并可进行攻击效果评定。该导弹加装了抗干扰模块，能在对 GPS 干扰的环境下使用，并大量采用隐身技术，具有昼夜全天候作战能力。

AGM-158 导弹是目前世界上最先进的巡航导弹之一，具有精确打击和隐身突防能力，可攻击固定和移动目标，并具有大面积杀伤能力。美国空军计划在未来战争中首先使用该导弹，用于摧毁敌方防空系统和指挥控制系统，然后由轰炸机等作战飞机携带较便宜的联合直接攻击弹药实施进一步的打击。

基本参数	
长度：	427 厘米
直径：	40 厘米
翼展：	240 厘米
重量：	1021 千克
最大速度：	0.8 马赫
有效射程：	1000 千米

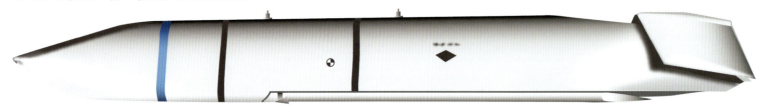

AGM-158 导弹示意图

准备安装到战斗机上的 AGM-158 导弹

美国空军机库中的 AGM-158

展出中的 AGM-158

美国 AGM-154 联合防区外武器

AGM-154 联合防区外武器（Joint Standoff Weapon，简称 JSOW）是雷神公司研制的中程投掷滑翔制导炸弹，主要用于打击防空设施。

AGM-154 弹体头部为锥形、中部为箱形，至弹体后部，主尺寸逐渐收缩。弹尾翼有 6 片，呈花瓣形排列，整体似一艘缩小的潜艇。A 型是基本型，装有 154 个 BLU-97/B 子弹药，既能杀伤人员、破坏装备，又具有一定的穿甲能力，采用惯性制导加 GPS 制导。B 型为反装甲型，装有 6 个 BLU-108/B 分子炸弹药，每个子弹又含有 4 个小炸弹。每个小炸弹都带有红外制导，其战斗部为聚能定向装药，能穿透坦克装甲，采用惯性制导加 GPS 中段制导方式。

AGM-154 的射程远，杀伤力强。低空投掷时最大射程为 22 千米，高空投掷时最大射程可达 130 千米。该导弹采用模块化设计，可使用各种子弹药、一体化战斗部和装载非杀伤载荷。该炸弹拥有发射后不管的能力，子弹药为末敏弹，能自行寻的攻击。

AGM-154 联合防区外武器示意图

F-16 战斗机发射 AGM-154 联合防区外武器

基本参数	
长度：	410厘米
直径：	33厘米
翼展：	270厘米
重量：	497千克
最大速度：	0.8马赫
有效射程：	130千米

运输中的 AGM-154 联合防区外武器

AGM-154 联合防区外武器被装到战斗机挂架上

美国 GBU-15 激光制导炸弹

GBU-15 炸弹是罗克韦尔公司研制的空对地激光制导炸弹，1975 年开始服役。

GBU-15 炸弹的原理是将新的模块式尾翼和头部组件固定在 900 千克的 Mk 84 普通炸弹上。该组件还能装配在其他炸弹甚至是集束弹药上。GBU-15 炸弹的头部带有三角形弹翼，尾部有较大的梯形尾翼，都呈十字形在弹体周围排列，因此有时也将 GBU-15 炸弹称为"十字形武器"。

GBU-15 炸弹是一种使用灵活（导引头模块可以交换）、命中精度高、可远距离投放的精确制导武器。使用 Mk 84 的 GBU-15 炸弹具备"射后不理"功能，还可通过 AN/AXQ-14 或较新的 ANZSW-1 数据链进行指令制导。数据链制导使飞机可以在阴雨云层上投放炸弹，在能见度很差的云层中使用指令制导，穿出云层后再利用光电制导系统锁定目标。

GBU-15 炸弹示意图

基本参数

长度：390 厘米
直径：47.5 厘米
翼展：150 厘米
重量：1140 千克
有效射程：1.5 千米

美军战斗机投放 GBU-15 炸弹

等待装载的 GBU-15 炸弹

博物馆中的 GBU-15 炸弹

美国"铺路"激光制导炸弹

"铺路"(Paveway)系列炸弹是美国于20世纪60年代中期研制的精确打击武器,至今已发展了三代。目前,GBU-10C/D、GBU-12C、GBU-24、GBU-27和GBU-28等型号仍在美国空军服役。

"铺路"炸弹各种型号在结构上基本相似,都是由Mk 82、Mk 83、Mk 84或BLU-109、BLU-113等普通航空炸弹加装制导装置和稳定尾翼改造而成,且都采用半主动激光制导,因此具有较高的命中精度。

"铺路"系列激光制导炸弹与其他精确制导弹药相比,最明显的优势就是廉价,激光制导炸弹是最廉价的精确制导武器之一。从成本来看,虽然一枚激光制导炸弹是普通炸弹的3~4倍,但是从效费比来看,反倒比普通炸弹要高。"铺路"Ⅲ系列的命中精度达到了1米以内,射程最远的超过了15千米。

F-15E战斗轰炸机投放GBU-28炸弹

美国"铺路"激光制导炸弹示意图

GBU-10C炸弹

GBU-12A炸弹

展出中的"铺路"Ⅱ系列炸弹

基本参数(GBU-28)	
长度:	566厘米
直径:	38.8厘米
翼展:	170厘米
重量:	2268千克
有效射程:	9千米

美国 GBU-39 小直径炸弹

GBU-39 小直径炸弹是波音公司研制的导引炸弹,美国空军于 2006 年 10 月在伊拉克首次实战使用了这种炸弹。

GBU-39 小直径炸弹的外形细长,壳体采用硬度极高的材料制造,并采用了先进的抗干扰全球卫星定位系统(GPS)/惯性导航系统(INS)制导装置。大多数美国空军战机可以在原使用 BRU-61/A 挂架处,装设一组 4 枚的小直径炸弹投射器。

GBU-39 是一种低成本、高精确度和低附带毁伤的小直径炸弹,其命中精度一般小于 5 米。测试证实,GBU-39 可穿透至少 90 厘米的钢筋混凝土,可用于恶劣天气,并可在 110 千米的敌防空区外投掷。

该炸弹配有可由座舱中驾驶员选择装定时间的电子引信,该引信具有空爆、触发或延期起爆功能。由于 GBU-39 炸弹体积小、重量轻,每架战机可携带更多的炸弹,每个飞行架次较以往可攻击更多的目标。

GBU-39 炸弹示意图

F-15 战斗轰炸机投下 GBU-39 炸弹

基本参数

长度:180厘米
直径:19厘米
翼展:19厘米
重量:129千克
有效射程:110千米

F-22 战斗机投放 GBU-39 小直径炸弹

美国 GBU-43/B 大型空爆炸弹

GBU-43/B 大型空爆炸弹（Massive Ordnance Air Blast bomb，简称 MOAB）是美国制造的非核子重型炸弹，也被戏称为"炸弹之母"，2003 年开始服役。

"炸弹之母"使用 8480 千克 H-6 装药作为它的高爆装填物。H-6 是美军使用的一种强力炸药，为黑索金、三硝基甲苯和铝的一个易爆组合。由于"炸弹之母"的体积和重量巨大，必须从像 C-130 或 C-17 运输机之类的大型飞机投放。

"炸弹之母"可将半径 300～500 米之内的氧气燃烧到只有原来浓度的三分之一。该炸弹由全球定位系统引导，并且使用降落伞投放，与美国早期的炸弹相比，它可以在更高的地方投下，准确性也更高。虽然"炸弹之母"的作用经常与核武器比较，但它的威力只有"小男孩"原子弹的千分之一。

基本参数
长度：919厘米
直径：103厘米
翼展：190厘米
重量：9800千克
爆炸当量：11000千克

GBU-43/B 炸弹

运输中的 GBU-43/B 炸弹

等待装载的 GBU-43/B 炸弹

GBU-43/B 炸弹爆炸画面

B-52 轰炸机投下 GBU-43/B 炸弹

美国 Mk 20 "石眼" II 型集束炸弹

Mk 20 "石眼" II 型（Rockeye II）集束炸弹是霍尼韦尔公司研制的大面积反坦克子母弹，也称为 CBU-100 集束炸弹，主要用于攻击暴露状态的装甲目标和人员。

Mk 20 集束炸弹的弹箱为圆柱形，头部为半球形，并有花状突出物，弹尾有 4 片控制面。Mk 20 集束炸弹的子弹药为 Mk 118 双用途子弹药，头部为前粗后细的锥形装药，尾翼为箭形。Mk 20 集束炸弹的抛投方法与其他炸弹一样，不受限制。

Mk 20 集束炸弹维护简便，易于保存。该炸弹的杀伤范围较大，其战斗部为 247 枚 Mk 118 双用途子弹药，每枚子弹药重 0.63 千克，装药 0.18 千克。Mk 20 集束炸弹的破甲能力强，子弹药以高速冲击装甲目标顶部，可击穿 80 毫米钢甲。面对岩石时的穿透力为 156 毫米，面对土壤时的穿透力则可达到 800 毫米。

基本参数	
长度：	233厘米
直径：	33.5厘米
翼展：	43.7厘米
重量：	222千克
穿透力：	800毫米
杀伤面积：	4800平方米

展出中的 Mk 20 集束炸弹

运输中的 Mk 20 集束炸弹

美军战斗机挂载的 Mk 20 集束炸弹

美国 Mk 80 系列低阻力通用炸弹

Mk 80 炸弹是一种无导引、传统炸药的空用炸弹，全名为低阻力通用炸弹（Low-Drag General Purpose Bomb，简称 LDGP），主要有 Mk 81、Mk 82、Mk 83、Mk 84、BLU-110、BLU-111 和 BLU-126 等型号。

Mk 81 是 Mk 80 系列炸弹中最小最轻的一种，现已几乎不再使用；Mk 82 名义上重量是 227 千克，但实际重量则视不同的构型而有差异；Mk 83 名义上重量为 460 千克，实际重量也视不同的构型而有差异；Mk 84 是 Mk 80 系列炸弹中最大、最重的一种，昵称"铁锤"；BLU-110 是内装 PBXN-109 热不敏感性炸药的 Mk 83，BLU-111 是装填 PBXN-109 热不敏感性炸药的 Mk 82，BLU-126 则是在 BLU-111 炸弹中加入非爆炸性填充物。

Mk 80 系列炸弹的主要特点是弹体细长，弹道性能好。同时，由于其气动外形由高阻力发展为低阻力，使航空炸弹得以由作战飞机炸弹舱内挂方式发展为外挂方式，从而进一步扩大了航空炸弹的使用范围，为战术攻击飞机实施高速突防轰炸，提供了适宜的进攻武器。

基本参数（Mk 84）
长度：328厘米
直径：45.8厘米
弹头重量：429千克
重量：925千克

F-111 战斗轰炸机投放 Mk 82 炸弹

B-52 轰炸机投放 Mk 82 炸弹

Mk81 炸弹

Mk 84 炸弹

美国联合直接攻击弹药

联合直接攻击弹药（Joint Direct Attack Munition，简称 JDAM）是由波音公司研制的一种空投炸弹配件，主要有 GBU-31、GBU-32、GBU-35、GBU-38 和 GBU-54 等型号，其中美国空军除 GBU-35 外均有装备。

联合直接攻击弹药装在由飞机投放的传统炸弹上，将本来无控的传统航空炸弹转变为可控，并能在恶劣气象条件下使用精确制导武器。美军以现役 Mk 80 系列炸弹为基础，加装了使用惯性制导和全球卫星定位系统的套件。

联合直接攻击弹药的制导功能是由炸弹尾翼控制附件以及全球定位系统或惯性导航系统提供，与美军多种军用飞机的火控系统相容。联合直接攻击弹药的单价约 2 万美元，装配了联合直接攻击弹药的炸弹重量一般在 227 千克和 907 千克之间。在全球定位系统的辅助下，联合直接攻击弹药的圆概率误差可达到 13 米（美军测试标准）。

基本参数
长度：389厘米
翼展：64厘米
重量：907千克
最大射程：28千米

美国联合直接攻击弹药

F-15E 战斗轰炸机投放 GBU-31 JDAM

携带 GBU-54 JDAM 的 F-15E 战斗轰炸机

美国 B61 核弹

B61 核弹是美国洛斯阿拉莫斯国家实验室研制的战略/战术核弹,可由 F-16 战斗机、F-35 战斗机、B-1 轰炸机、B-2 轰炸机等军用飞机投放。

B61 核弹主要分为四个部分:第一部分是钻地头子组件,包括一个双信道雷达空爆引信和两个压电晶体撞击引信和用于低空投射的冲击缓冲材料;第二部分是弹头核心子组件,装载真正热核弹头的"硬壳",用聚氨酯垫层密封和保持干燥,以支撑弹头并防止撞击;第三部分是后部子组件,包括飞行前保险控制、引信选择开关、安全分离调节仪,以及稳定自由降落武器的旋转火箭;第四部分是尾翼子组件,包括弹翼、后部弹体结构、带开伞装置的降落伞及投弹装置。

B61 核弹投放后的爆炸范围超过 500 千米,爆炸中心直径 4 千米内永久性无法生存,爆炸直径 100 千米内会遭到毁灭性打击。B61 核弹的最新型号为 B61 Mod 11,是一种反碉堡钻地核弹,1997 年开始服役。之后,美国空军对 B61 Mod 11 进行升级,为其加装联合直接攻击弹药所使用的制导组件以提高命中精度。

基本参数
长度:360厘米
直径:34厘米
翼展:57厘米
重量:320千克

博物馆里的 B61 核弹

美军人员正在检查 B61 核弹

美军武器库中的 B61 核弹

美国/挪威 AGM-119"企鹅"反舰导弹

基本参数	
长度：320厘米	直径：28厘米
翼展：140厘米	重量：385千克
有效射程：55千米	最大速度：0.65马赫

AGM-119"企鹅"（Penguin）反舰导弹由挪威康斯伯格防御与空间公司研制，1972年进入挪威海军服役，1989年被挪威空军采用，1994年被美国海军采用。此外，土耳其、希腊、瑞典、澳大利亚、韩国、西班牙等国也有采用。该导弹有"企鹅"Ⅰ、"企鹅"Ⅱ、"企鹅"Ⅲ和"企鹅"Ⅳ等多种型号，已成为包括舰对舰、岸对舰、空对舰的多用途、多类型反舰导弹家族。

"企鹅"系列反舰导弹采用相同的鸭式气动外形布局和相似的弹体结构，四片箭羽式控制舵面和稳定弹翼分别位于弹体前部和后部，前舵和弹翼均呈X形配置，处于同一水平面上。圆柱形弹体头部呈卵形，尾部呈半球形，弹体内部采用模块化舱段结构，从前到后分为三个舱段：导引头舱、战斗部舱和发动机舱。导引头为视场可变的热成像被动红外导引头，有宽、窄两种视场，宽视场在远距搜索目标阶段使用，当导弹接近目标时转入跟踪锁定目标阶段，此时将导引头的宽视场转换为窄视场。动力装置为一台无烟固体火箭发动机。战斗部均采用半穿甲爆破型，重120千克。

携带"企鹅"反舰导弹的意大利G.91战斗机

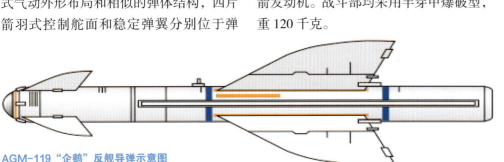
AGM-119"企鹅"反舰导弹示意图

美军直升机发射"企鹅"反舰导弹

英国"天闪"空对空导弹

"天闪"（Skyflash）空对空导弹是英国以美国AIM-7"麻雀"空对空导弹为基础改进而来的半主动雷达导引空对空导弹，旨在使英军装备的F-4战斗机能在不进行大幅改装的情况下同时使用这两种导弹。除F-4战斗机外，能够使用"天闪"导弹的战机还有"狂风"战斗机、F-16"战隼"战斗机和JAS-37"雷电"战斗机等。

"天闪"空对空导弹示意图

基本参数	
长度：368厘米	直径：20.3厘米
翼展：102厘米	重量：193千克
有效射程：45千米	最大速度：4马赫

"天闪"导弹和"麻雀"导弹在外观上非常相似,但前者借助电子科技的进步而大幅改善了后者的诸多缺点。早期型的"天闪"导弹直接采用"麻雀"导弹的材料生产而成,导弹的控制面在弹体中央,共有4片三角形的可动翼面,在接近尾部还有4片固定翼面稳定导弹的飞行。导弹最前方为寻标头与电子设备,其次是连续杆弹头,然后是翼面控制单元以及火箭发动机。在外观上,"天闪"导弹与"麻雀"导弹最明显的差别是靠近导弹中央的黑色雷达引信天线。

携带"天闪"导弹的英国战斗机

"狂风"战斗机机腹下携带的"天闪"导弹

英国 BL-755 集束炸弹

BL-755集束炸弹是英国杭廷公司研制的可低空投放的子母弹,1972年装备英国空军,并外销给加拿大、荷兰、德国等。

BL-755集束炸弹的弹体为圆柱形,后段弹体主尺寸略内缩,头部为圆形,顶端带有风帽。弹翼为6片组合式,翼展较小,不超过弹体最粗段,与弹体轴线呈一定角度安装。

BL-755集束炸弹主要用于攻击坦克、装甲车、停放的飞机,以及人员和车辆等。这种炸弹杀伤面积大,用途广,破甲效果好,能低空投放。海湾战争中,英国用BL-755集束炸弹攻击了伊军阵地和处于机动中的部队。

英国 BL-755 集束炸弹

基本参数
长度:245.1厘米
直径:41.9厘米
翼展:56.6厘米
重量:264千克

展览中的 BL-775 集束炸弹

挂载于战斗机机翼下方的 BL-775 集束炸弹

以色列"怪蛇"4型空对空导弹

"怪蛇"4型（Python 4）导弹是以色列拉斐尔公司研制的短程空对空导弹，1993年进入以色列空军服役，主要装备F-16战斗机。

"怪蛇"4型空对空导弹的研制工作是从20世纪70年代末和80年代初开始的，在时间上大致与苏联"三角旗"机械制造设计局研制的R-73空对空导弹接近。1993年，"怪蛇"4型空对空导弹开始提供给以色列国防部队使用。国际上普遍认为，"怪蛇"4型导弹是当今世界上已在第一线使用的性能最好的红外制导短程空对空导弹。

"怪蛇"4型空对空导弹采用与法国"魔术"2型导弹和俄罗斯R-73导弹相似的双鸭式气动外形布局，依靠空气动力控制面而不是推力矢量控制来获得高敏捷性。"怪蛇"4型空对空导弹采用一种"准成像"焦平面阵列导引头，有更好的抗红外干扰能力和识别目标图像以及瞄准点选择能力。

"怪蛇"4型空对空导弹和美国"响尾蛇"空对空导弹的体积相差不大，而且在稍微改装内部电子元件之后，两者可以做到发射挂架通用兼容。此外，"怪蛇"4型空对空导弹还装备有一个DASH头盔瞄准具，以显示数字化的空战界面并支持导弹进行正负90度离轴发射。

基本参数
长度：300厘米
直径：16厘米
翼展：50厘米
重量：120千克
最大速度：3.5马赫
有效射程：15千米

以色列"怪蛇"4型空对空导弹

挂载于F-5战斗机机翼下的"怪蛇"4型导弹

以色列"怪蛇"5型空对空导弹

"怪蛇"5型（Python 5）导弹是以色列拉斐尔公司研制的短程空对空导弹，2006年开始服役。

"怪蛇"5型导弹是以色列空军最新一代短程空对空导弹，它运用了当今空对空导弹领域最先进的技术，并经过长期研究和试验后研制完成，确保了它能保持高水平的空中优势。虽然以色列研制新一代空对空导弹的设想在20世纪90年代初就开始了，但"怪蛇"5型导弹的正式研制工作始于1997年，研制中最重大的决定之一是新导弹采用"怪蛇"4型导弹的空气动力结构，设计者认为"怪蛇"4型独特的结构还有进一步开发的潜力。2003年6月，以色列公布了"怪蛇"5型导弹的性能。2006年，新导弹正式服役。

"怪蛇"5型导弹被定义为短程空对空导弹，但它的射程已超出了常规导弹的范围，从技术上称为"超视距导弹"更加恰当。"怪蛇"5型导弹运用航空动力学原理而没有运用更先进的推力矢量控制技术，其空气动力结构对导弹的性能起到很大的作用。

基本参数
长度：310厘米
直径：16厘米
翼展：64厘米
重量：105千克
最大速度：4马赫
有效射程：20千米

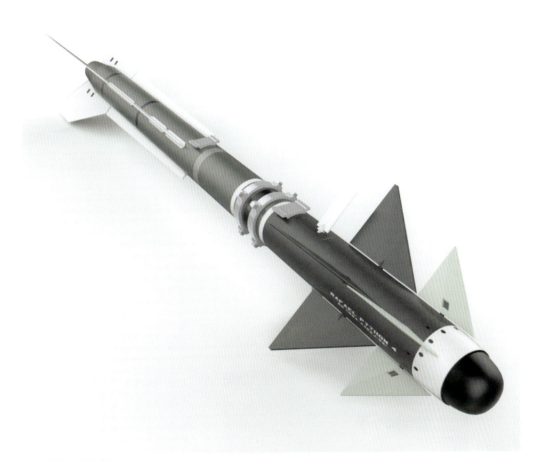

"怪蛇"5型导弹

展览中的"怪蛇"5型导弹

法国 R550 "魔术" 空对空导弹

R550 "魔术"（Magic）空对空导弹是法国马特拉公司研制的短程空对空导弹，基本设计参考了美国 AIM-9 "响尾蛇" 空对空导弹，1975 年开始服役。

1966 年，法国马特拉公司开始自筹经费研发一种可以和美国 AIM-9 "响尾蛇" 空对空导弹竞争的产品。1968 年，法国空军对这一项研究计划表示感兴趣，并且愿意拨款协助。1971 年巴黎航空展时，"魔术"导弹正式亮相，不过第一次有制导试射要到隔年才进行。1974 年，"魔术"导弹递交法国空军进行评估，1975 年开始批量生产并正式服役。1986 年，改进型"魔术"Ⅱ型开始服役。

虽然"魔术"导弹参考了"响尾蛇"导弹的设计，但两者在外观上的差异极大，"魔术"导弹从头到尾依次是红外线寻标器、控制面、弹头和固态火箭推进段。该导弹有两组弹翼：第一组是 4 片固定式三角翼安定面，后方有另外 4 片可动控制面，负责导弹在滚转与俯仰轴上的运动。这种设计有别于"响尾蛇"导弹的 4 片弹翼，在高攻角下的控制性较佳。

"魔术"导弹的弹头重 13 千克，采用高爆破片弹头设计，其中 6 千克是炸药的重量。弹头的引爆采用红外线引信，在导弹发射 1.8 秒以后启动。"魔术"导弹主要配备在"阵风"战斗机、"幻影"2000 战斗机、"幻影"F1 战斗机、"幻影"Ⅲ 战斗机、F-16 "战隼"战斗机、"海鹞"战斗/攻击机、"超军旗"攻击机等军用飞机上。

"魔术"空对空导弹示意图

携带"魔术"空对空导弹的阿根廷战斗机

战斗机机翼下挂载的"魔术"空对空导弹

基本参数

长度	272厘米
直径	15.7厘米
翼展	66厘米
重量	89千克
最大速度	2.7马赫
有效射程	15千米

法国 R530 空对空导弹

R530 空对空导弹是法国马特拉公司研制的短程空对空导弹，1962 年开始服役。除装备法国空军和法国海军战斗机外，还大量外销出口。

R530 空对空导弹是马特拉公司在 20 世纪 50 年代中期研制、60 年代初期服役的 R530 半主动雷达制导空对空导弹的基础上改进而来的空对空导弹，于 1957 年开始研制，1961 年首次发射试验，1962 年开始小批量生产并装备部队，1964 年投入大批量生产，1978 年停止生产，共生产 5100 枚。为拦截高空、高速目标，马特拉公司还在 R530 基础上发展了半主动雷达制导的中程空对空导弹——Super 530F，1980 年开始服役。此后，又在 Super 530F 基础上发展出更先进的 Super 530 D，1987 年开始服役。

R530 空对空导弹采用正常式气动外形布局，4 片大后掠三角形弹翼与 4 片小切梢三角形尾翼呈十字形配置，并位于同一平面。弹体内部采用模块化舱段结构，分为导引头舱、控制舱、战斗部、发动机/舵机/电源舱。该导弹采用可互换使用的红外和雷达导引头，从而将导弹分为被动红外型和半主动雷达型。

R530 空对空导弹采用两种可互换使用的战斗部：雷达型导弹用的破片式和红外型导弹用的连续杆式。前者总重 30.3 千克，三硝基甲苯装药重 11.8 千克。后者总重 30 千克，理论散布半径 10.5 米。该导弹的动力装置为一台两级推力固体火箭发动机，总重 66 千克，双基药柱重 43.2 千克，第一级工作时间为 2.7 秒，第二级工作时间为 6.5 秒。

基本参数	
长度：328 厘米	直径：26.3 厘米
翼展：110 厘米	重量：192 千克
最大速度：2.7 马赫	有效射程：20 千米

R530 导弹

博物馆中的 R530 导弹

R530 导弹尾部

法国"米卡"空对空导弹

"米卡"(MICA)空对空导弹是法国马特拉公司研制的先进中程空对空导弹,1996年开始服役,可由"阵风"战斗机、"幻影"2000战斗机和F-16"战隼"战斗机等战机发射。

"米卡"导弹采用窄长边条式弹翼和后缘呈阶梯形的尾翼,尾喷口内装有四个可大大提高导弹机动性的燃气偏转装置。在导弹发射后的几秒钟内,由于空气动力控制系统的操纵效率低,因此仅用燃气偏转装置进行推力矢量控制,当导弹达到超音速后,两者才共同控制导弹的飞行。

"米卡"导弹的机动性能极佳,其最大过载超过35G。这种导弹采用两种可互换的导引头,一种是主动雷达导引头,另一种是被动红外导引头。由于它射程远,机动性好,制导精度高,既可用于中距拦射,也可用于近距格斗。

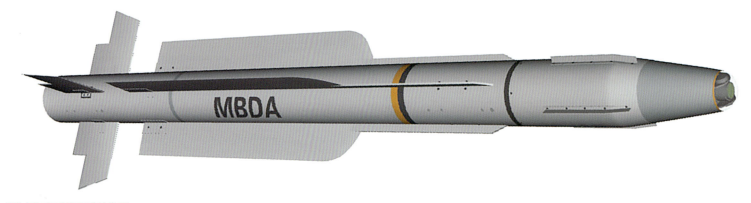

"米卡"空对空导弹结构图

携带"米卡"导弹的"阵风"战斗机

基本参数

长度:310厘米	直径:16厘米
翼展:32厘米	重量:112千克
最大速度:4马赫	有效射程:50千米

法国战斗机挂载的"米卡"导弹

欧洲 AIM-132"阿斯拉姆"空对空导弹

AIM-132"阿斯拉姆"（ASRAAM）空对空导弹是欧洲导弹集团研制的红外线导向式空对空导弹，也称为先进短程空对空导弹（Advanced Short Range Air-to-Air Missile，简称 ASRAAM），1998年开始服役。

AIM-132导弹的弹体为细长圆柱体，头部为半球形。在弹体尾部有4个同心安装、呈 X 配置的稳定尾翼。制导与控制系统包括红外成像导引头、捷联式挠性陀螺系统、燃气舵偏转执行机构等。战斗部与引信组件包括高能装药、冲击波破片式战斗部和激光近炸引信与触发引信，战斗部重约5千克。动力装置为1台两级推力固体火箭发动机。药柱燃烧时间为15秒。第一级药柱燃烧后产生的推力使导弹离开载机上的发射架，第二级药柱燃烧产生的推力使导弹高速飞行直至击中目标。

基本参数	
长度：290厘米	直径：16.6厘米
翼展：45厘米	重量：88千克
最大速度：3马赫	有效射程：50千米

AIM-132"阿斯拉姆"空对空导弹示意图

发射 AIM-132 导弹的"台风"战斗机

欧洲"流星"空对空导弹

"流星"（Meteor）空对空导弹是欧洲导弹集团研制的超视距作战空对空导弹，2016年7月开始服役，能够在高电子干扰环境下提供对远距离空中目标的齐射打击能力。

"流星"空对空导弹的动力装置为可变流量的固体火箭冲压发动机，采用双下侧二元进气道，弹体中部有两片弹翼。弹体主要由导引头天线罩、电子系统舱、战斗部舱以及整体式固体火箭发动机舱四个部分组成。数据链接收机安装在两个进气道之间，数据链天线则安装在弹体的尾部。导弹采用正常的气动布局，静稳定尾翼控制，进气道间隔为90度径向角，呈面对称配置。4片全动式梯形尾舵、2片固定弹翼，与二元进气道一起呈轴对称配置。

"流星"空对空导弹采用固体火箭冲压发动机和弹载脉冲多普勒雷达，具有全天候攻击能力，在相当广的空域内具有同时对付多个目标的能力，即使目标做8～9G的机动过载，"流星"空对空导弹依然能够跟踪到目标并将其摧毁。该导弹的主要载机为"阵风""台风""鹰狮"等战斗机，攻击目标包括战斗机、轰炸机、预警机等在内的空中目标。

"流星"导弹示意图

基本参数	
长度：365厘米	直径：17.8厘米
翼展：120厘米	重量：185千克
最大速度：4马赫	有效射程：320千米

挂载"流星"导弹的JAS39战斗机

挂载于战斗机机翼下的"流星"导弹

苏联 R-13 空对空导弹

R-13 空对空导弹是苏联第一种红外线导引空对空导弹，北约代号为 AA-2"环礁"（Atoll）。该导弹于 1960 年开始服役，苏联军方给予的代号包括 K-13、R-3 和 R-13。

R-13 空对空导弹是苏联根据美国 AIM-9"响尾蛇"空对空导弹仿造而来，外形也与"响尾蛇"导弹非常接近。1958 年，苏联取得"响尾蛇"导弹样本之后开始积极研制，第一枚以逆向工程仿造的 R-13 空对空导弹在改装的 MiG-19 战斗机上进行飞行试验，稍后也在 MiG-21 的原型机 Ye-6T 上进行测试。随后，R-13 空对空导弹的第一种量产型号成为 MiG-21 战斗机的标准配备。

R-13 空对空导弹采用鸭式气动外形布局，由 5 个舱段组成。第一舱为被动式红外导引头舱，第二舱为能源系统舱，第三舱为战斗部舱，第四舱为红外近炸引信舱，第五舱为火箭发动机舱。4 片稳定弹翼固定在第五舱后部外表面，与 4 片控制舵面串列配置。

R-13 空对空导弹是苏联早期外销最广、实战经验最多的空对空导弹之一。其第一种生产型只能在目标尾部很小的范围才能锁定，性能上不如美国 AIM-9"响尾蛇"空对空导弹。改进型 R-13R 变为半主动雷达导引，可攻击的角度也扩大为全方位，不受只能在尾部的限制。最后一种型号 R-13M 的弹体长度比早期型短，但火箭发动机能提供 2 倍的推力。此外，R-13M 还能够对付发出高热量的小型地面目标。

基本参数	
长度：	283 厘米
直径：	12.7 厘米
翼展：	63.1 厘米
重量：	90 千克
最大速度：	2.5 马赫
有效射程：	35 千米

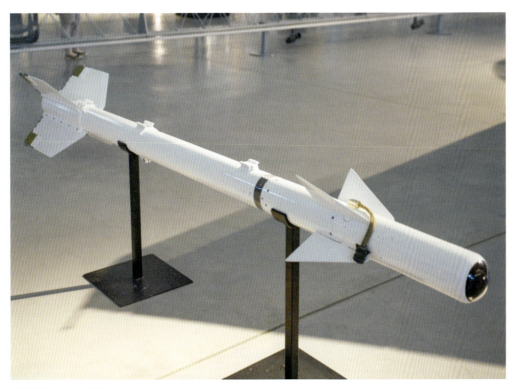

展览中的 R-13 导弹

挂载于米格-23 战斗机机翼下的 R-13 导弹

苏联/俄罗斯 R-33 空对空导弹

R-33 空对空导弹是苏联研制的长程空对空导弹，北约代号为 AA-9 "阿摩司"（Amos），1982 年开始服役，主要用户为苏联空军。

R-33 导弹有 4 片切梢三角形弹翼和 4 片矩形尾翼，内部结构分为 5 个舱段：雷达天线罩、制导和引信、战斗部、发动机、控制舵机。该导弹主要作为 MiG-31 战斗机的主力武器，类似美国 F-14 战斗机和 AIM-54 "不死鸟" 导弹的组合。与 AIM-54 导弹的主动雷达导引不同，R-33 导弹是半主动雷达导引，因此射程较短，但配合 MiG-31 的相控阵雷达，仍能有效摧毁低飞的战略轰炸机或巡航导弹，或者在高空飞行的战略侦察机。

基本参数

长度：414厘米	直径：38厘米
翼展：112厘米	重量：490千克
最大速度：4.5马赫	有效射程：304千米

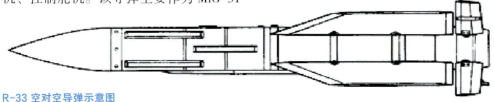
R-33 空对空导弹示意图

等待挂载的 R-33 空对空导弹

苏联/俄罗斯 R-27 空对空导弹

R-27 空对空导弹是苏联研制的半主动雷达制导中长程空对空导弹，北约代号为 AA-10 "白杨"（Alamo），1983 年开始服役，Su-27、Su-30、Su-35、MiG-23、MiG-29、Yak-141 和 T-50 等战斗机均可使用。

R-27 导弹的外形极具特色，弹体中段的 4 片倒梯形弹翼构成主要的控制面，搭配寻标头段的 4 片梯形稳定翼和弹体末段的 4 片固定式双三角尾翼。各型 R-27 均装有一个重 39 千克的延伸杆状弹头和主动无线电近爆引信，其中 R-27EM 为了提高对低空目标的猎杀能力，引信位置改在控制翼的后方。

基本参数

长度：408厘米	直径：23厘米
翼展：77.2厘米	重量：253千克
最大速度：4.5马赫	有效射程：130千米

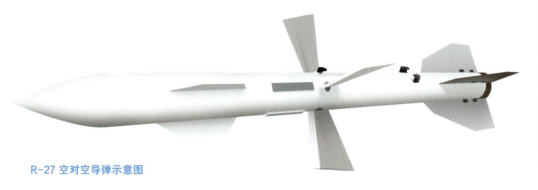
R-27 空对空导弹示意图

德国空军米格-29 战斗机发射 R-27 空对空导弹

苏联／俄罗斯 R-37 空对空导弹

R-37 空对空导弹是苏联研制的远程空对空导弹，北约代号为 AA-13 "箭"（Arrow），1998 年开始服役。

R-37 空对空导弹于 20 世纪 80 年代末开始研制，由 R-33 空对空导弹改进而来，研制工作由"三角旗"机械制造设计局负责。R-37 空对空导弹担负的任务与 R-33 空对空导弹不同，主要是远程攻击情报、侦察和监视平台，以及信息战／电子战平台。

R-37 空对空导弹采用常规气动布局，弹翼的位置相对于 R-33 空对空导弹而言比较靠前，其平面形状为前缘后掠角很大的扁梯形，尾翼为 4 片呈 X 形配置的矩形翼。弹体中部装有大型导流片，提高了导弹的升力，尾翼可折叠。R-37 空对空导弹采用玛瑙设计局的 9B-1388 主动导引头，能在 40 千米外攻击 5 平方米大小的目标。R-37 空对空导弹主要装备俄罗斯的 MiG-31BM 改进型截击机和出口至叙利亚的 MiG-31 战斗机。该导弹的射程根据飞行剖面不同而不同，直接攻击时射程为 148 千米，以巡航滑行剖面飞行时射程为 398 千米。在 1994 年的一次试验时，R-37 空对空导弹击中了 300 千米以外的目标，创下远程导弹的攻击距离纪录。

基本参数	
长度：	420厘米
直径：	38厘米
翼展：	70厘米
重量：	600千克
最大速度：	6马赫
有效射程：	398千米

展览中的 R-37 导弹

R-37 导弹飞行示意图

米格-31 战斗机发射 R-37 导弹

苏联/俄罗斯 R-40 空对空导弹

R-40 空对空导弹是苏联于 20 世纪 60 年代为 MiG-25 战斗机研制的远程空对空导弹，北约代号为 AA-6"毒辣"（Acrid），1970 年开始服役，时至今日仍然在役。

R-40 空对空导弹的研制工作始于 1959 年，设计工作由"三角旗"机械制造设计局负责。R-40 空对空导弹专门用于拦截高空目标，主要用于装备 MiG-25 战斗机和 MiG-31 战斗机。后来，又发展了两种改型，即装有半主动雷达制导系统的 R-40R 和装有红外线制导系统的 R-40T。

R-40 空对空导弹采用与 R-5 导弹和 R-8 导弹相同的鸭式气动外形布局，4 片小切梢三角形控制舵面装在弹头后部，4 片大切梢三角形弹翼装在弹体后部。在结构上也采用舱段布局，从前到后为：导引头、舵机和能源、战斗部和引信、主发动机、助推发动机和指令接收装置。该导弹采用两级式固体火箭发动机，主发动机在前，两个排气喷口位于发动机舱后部的弹体两侧，与相邻弹翼的后缘平齐。助推发动机舱位于弹体后部，用于导弹发射时使之加速。

R-40 空对空导弹配用的导引头有半主动雷达和红外线两种，可在地面互换。该导弹专门用于拦截高空目标，它可以攻击飞行高度 30 千米、飞行速度 3500 千米/小时的目标。

基本参数

长度： 622厘米
直径： 31厘米
翼展： 145厘米
重量： 461千克
最大速度： 5马赫
有效射程： 80千米

挂载于战斗机机翼下的 R-40 导弹

苏联/俄罗斯 R-40 空对空导弹

展览中的 R-40 导弹

苏联 / 俄罗斯 R-60 空对空导弹

R-60 空对空导弹是苏联为了配合 MiG-23 战斗机而研制的红外线导引短程空对空导弹，北约代号为 AA-8 "蚜虫"（Aphid），1974 年开始服役。除苏联外，保加利亚、印度、伊朗、马来西亚、秘鲁、波兰、叙利亚、越南、芬兰和匈牙利等国家也有采用。

R-60 导弹采用双鸭式气动布局，头部有 4 片矩形固定鸭翼，其后有 4 片三角形活动舵面，尾部有 4 片三角形切梢弹翼，每片弹翼后缘各有一个横滚稳定用的陀螺舵。双鸭式气动布局有利于提高导弹的升力，头部的 4 片固定鸭翼起反安定面作用，提高导弹的机动性。R-60 导弹采用短程空对空导弹最常用的红外线导引，最初只能锁定在飞机后方，后来推出可以全方位锁定的型号。该导弹重量轻巧，几乎所有苏联战机都可携带，但缺点是战斗部的炸药量较少，即使命中敌机也不能保证能把敌机击落。

基本参数			
长度：209厘米		直径：12厘米	
翼展：39厘米		重量：43.5千克	
最大速度：2.7马赫		有效射程：8千米	

MiG-29 战斗机携带的 R-60 空对空导弹

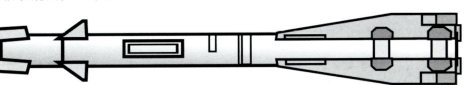

R-60 空对空导弹示意图

苏联 / 俄罗斯 R-73 空对空导弹

R-73 空对空导弹是苏联研制的短程空对空导弹，北约代号为 AA-11 "箭手"（Archer），1982 年开始服役，可由 Su-24、Su-25、Su-27、MiG-21、MiG-23、MiG-29 等固定翼战机携带，Mi-24、Mi-28 和 Ka-50 等直升机也可使用。

R-73 导弹采用鸭式气动布局，弹翼上采用了稳定副翼，弹翼前采用了前升力小翼，弹翼和舵面位置呈 X 形。该导弹采用红外线导引，配有 1 具低温冷却式的寻标器，真正具有"离轴攻击"的能力：寻标器可以追踪距导弹中心轴上 60 度角的目标。它可由配戴头盔瞄准具的飞行员以目视的方式锁定目标，最小的攻击范围约 300 米，在同高度下最大射程达 40 千米。

基本参数			
长度：293厘米		直径：16.5厘米	
翼展：51厘米		重量：105千克	
最大速度：2.5马赫		有效射程：40千米	

战斗机挂载的 R-73 空对空导弹

R-73 空对空导弹示意图

苏联/俄罗斯 R-77 空对空导弹

R-77 空对空导弹是苏联研制的中程空对空导弹，北约代号为 AA-12"蝰蛇"（Adder），1994 年开始服役，可供 Su-35、MiG-29 和 T-50 等战斗机使用。

R-77 导弹采用主动雷达导引，其中途导引为惯性加指挥修正资料链，导弹资料链和发射平台之间的传送距离最远有 50 千米，当接近目标至 20 千米时，R-77 导弹自带的主动雷达就会开启，导引 R-77 导弹追踪目标。R-77 导弹有全天候和"射后不理"攻击能力，还有一定的抗电子干扰能力，其自带的主动雷达可以发现最远在 20 千米处雷达反射波面积为 5 平方米的空中目标。该导弹在外观上最大的特点是网状尾翼，这种设计在苏联弹道导弹上早有运用，能让 R-77 导弹适应 12G 的高机动性动作。

基本参数

长度：371厘米	直径：20厘米
翼展：35厘米	重量：190千克
最大速度：4马赫	有效射程：110千米

展览中的 R-77 空对空导弹

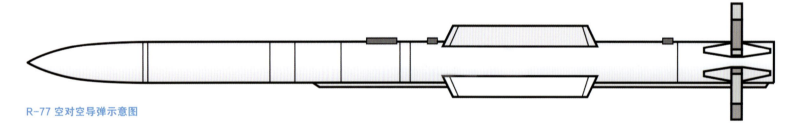

R-77 空对空导弹示意图

苏联/俄罗斯 KAB-500L 制导炸弹

KAB-500L 制导炸弹是前苏联于 20 世纪 70 年代研制的激光制导炸弹，目前仍服役于俄罗斯空军。

基本参数

长度：305厘米	直径：40厘米
翼展：70厘米	重量：525千克
装药量：450千克	投掷高度：500米

KAB-500L 制导炸弹示意图

KAB-500L 制导炸弹由风标式半主动激光寻的器、电了引信、控制系统部件、弹药、涡轮发动机、控制面气动装置、固定式尾翼等组成。它的整体外形与美制"铺路"炸弹相似，其激光寻标套件能用来修改自由落体炸弹，但 KAB-500L 没有"铺路"的弹体前、后大型稳定控制翼，运动路径由尾翼的控制面控制。

KAB-500L 制导炸弹是苏联第一种激光制导炸弹，具有射程远、命中精度高、威力大的优点，并具备较强的抗电子干扰能力。KAB-500L 制导炸弹在普通气象条件下捕获目标率高，但遇到雨、雾、灰尘等障碍时的命中精度有所降低。

等待装载的 KAB-500L 制导炸弹

苏联／俄罗斯 KAB-500KR 制导炸弹

KAB-500KR 制导炸弹是苏联军队于 20 世纪 80 年代初期开始装备的制导炸弹，由比姆派尔设计局在 KAB-500L 基础上进一步改进而来。

KAB-500KR 制导炸弹是以重 350 千克的自由落体穿透炸弹为主体，换装电视导引寻标头，再整合弹尾控制而制成的精确导引武器。KAB-500KR 较修长的弹体前段装有 4 片小型稳定翼，4 片尾翼装有控制面可控制炸弹的运动方向，其电视寻标头装有大型光罩，是其外形的一大特色。

KAB-500KR 制导炸弹的电视导引寻标头在选定目标后可自动予以锁定，若攻击隐蔽性目标，投弹员只需在投弹前将参考点标定在机上的电视显示幕上即可。若载机挂载有电视接收标定吊舱，炸弹也能以电视导引指挥模式攻击目标。KAB-500KR 制导炸弹的投弹高度在 500 至 5000 米之间，命中精度约为 4 米。

等待装载的 KAB-500KR 制导炸弹

KAB-500KR 制导炸弹示意图

基本参数	
长度：	305厘米
直径：	40厘米
翼展：	85厘米
重量：	520千克
最大速度：	9千米/小时
有效射程：	17千米

第7章 战力保障——作战支援飞机

作战支援飞机是为作战飞机提供各种技术支援的飞机,包括侦察机、运输机、预警机、空中加油机、电子战飞机等。各国空军装备的作战支援飞机不仅种类齐全,而且大多性能出色,它们是各国空战取胜的重要保障之一。

美国 C-130 "大力神" 运输机

C-130 是洛克希德公司研发生产的中型运输机,绰号"大力神"(Hercules)。

C-130 于 1951 年开始研制,1954 年首次试飞,1956 年进入美国空军服役。该机能够高空高速飞行,航程较大,而且能够在前线野战跑道上起降。C-130 系列的总产量约为 2262 架,其中 C-130J 型的造价约为 6650 万美元。

C-130 运输机的机身粗短,机头为钝锥形前伸,其前端位置较低。机翼为悬臂式上单翼结构,前缘平直,无后掠角。动力装置为 4 台 T56-A-15 涡轮螺桨发动机,单台功率为 3660 千瓦。以 C-130H 为例,该机的载重量可达 19.87 吨,最大飞行速度为 590 千米/小时。该机起飞仅需 1090 千米的跑道,着陆为 518 米,而且能够在前线的野战跑道上起降,具有较强的运输能力和极强的机动性。

基本参数(C-130H型)	
机身长度:29.8米	机身高度:11.6米
翼展:40.4米	乘员:5人
空重:34382千克	
最大起飞重量:70300千克	
最大速度:592千米/小时	
最大航程:3800千米	
实用升限:10000米	

俯视 C-130 运输机

C-130 运输机低空飞行

美军基地中的 C-130 运输机

C-130 运输机准备起飞

C-130 运输机

美国 C-141"运输星"运输机

C-141 是世界上第一架以涡扇发动机为动力的运输机,绰号"运输星"(Starlifter)。

C-141 主要有两种型别:一种是 C-141A,于 1964 年 4 月首批定货 127 架、另一种是 C-141B,为 A 型的改装加长型。改装工作于 1976 年开始,1977 年 3 月原型机 YC-141B 首次试飞,1979 年 12 月第一架交付使用,1982 年 6 月 270 架全部改装完毕。

C-141 装备 4 台 TF33-P-7 涡扇发动机,单台推力为 90 千牛。该机的货舱虽然不如后来出现的 C-5 和 C-17 的大,但是也能轻松地装载长达 31 米的大型货物。其货舱也可一次运载 208 名全副武装的地面部队士兵,或 168 名携带全套装备的伞兵。该机还可以运送"民兵"战略弹道导弹。

基本参数
机身长度:51.3米
机身高度:12米
翼展:48.8米
乘员:5~7人
空重:65542千克
最大起飞重量:155580千克
最大速度:912千米/小时
最大航程:9880千米
最大升限:12680米

正在爬升的 C-141 运输机

准备降落的 C-141 运输机

在高空飞行的 C-141 运输机

C-141 运输机驾驶舱内部

从基地飞出的 C-141 运输机

美国 C-5 "银河" 运输机

C-5 是洛克希德·马丁公司生产的大型战略军用运输机,绰号"银河"(Galaxy)。

C-5 的研制计划最早于 1962 年提出。该机于 1968 年 6 月底首飞,1970 年 6 月加入美国空军服役。

该机 A 型和 B 型一共生产了 131 架,单机造价约为 1.6 亿美元。最新的 M 型仍在生产。

C-5 运输机在高空飞行

C-5 运输机机舱内部

基本参数
- 机身长度:75.31 米
- 机身高度:19.84 米
- 翼展:67.89 米
- 乘员:7 人
- 空重:172370 千克
- 最大起飞重量:381000 千克
- 最大速度:932 千米/小时
- 最大航程:4440 千米
- 最大升限:10360 米

正在爬升的 C-5 运输机

C-5 的尾翼为 T 型，机翼下有 4 台涡扇发动机，单台推力高达 191 千牛。起落装置拥有 28 个轮胎，能够降低机身，使飞机货仓的地板与汽车高度相当，以方便装卸车辆。前鼻和后舱门都可以完全打开，以便快速装卸物资。

C-5 的机翼内有 12 个内置油箱，能够携带 194370 升燃油。C-5 载重量可达 122 吨，上层货仓的容积为 30.19 米 × 4.2 米 × 2.29 米，下层货仓的容积为 36.91 米 × 5.79 米 × 4.11 米。

正在装载物资的 C-5 运输机

C-5 运输机降落时激起大量沙尘

美国 C-17 "环球空中霸王" III 运输机

C-17 是麦克唐纳·道格拉斯公司研发的大型运输机,绰号"环球空中霸王"III(Global master III)。

C-17 是美国迄今为止历时最久的飞机研制计划,从 1981 年麦克唐纳·道格拉斯公司赢得发展合约到 1995 年完成全部的飞行测试,一共耗时 14 年。在发展经费方面,它是美国有史以来耗资排行第三的军机,仅次于 B-2 轰炸机和 E-3 预警机。

C-17 的货舱可并列停放 3 辆吉普车,2 辆卡车或 1 辆 M1A2 坦克,也可装运 3 架 AH-64 武装直升机。在执行空投任务时,可空投 27215 ~ 49895 千克货物,或 102 名全副武装的伞兵和一辆 M1 主战坦克。C-17 货舱门关闭时,舱门上还能承重 18150 千克,相当于 C-130 全机的装载量。

C-17 对起落环境的要求极低,最窄可在 18.3 米宽的跑道上起落,能在 90 米 × 132 米的停机坪上运动。

基本参数	
机身长度:53.04米	机身高度:16.79米
翼展:51.81米	乘员:3人
空重:128100千克	
最大起飞重量:285750千克	
最大速度:830千米/小时	
最大航程:11600千米	
最大升限:13700米	

C-17 运输机驾驶舱内景

C-17 运输机编队飞行

C-17 运输机发射曳光弹

正在爬升的 C-17 运输机

C-17 运输机正面视角

美国 KC-10"延伸者"空中加油机

KC-10 是麦克唐纳·道格拉斯公司研制的三发空中加油机,绰号"延伸者"(Extender)。

KC-10 空中加油机于 1978 年开始研制,1980 年 7 月 12 日首次试飞,1981 年 3 月 17 日交付美国空军。它既能为其他飞机加油,又能在空中接受加油。KC-10 加油机是在 DC-10 客机的基础上发展起来的,所以 KC-10 系统 88% 的部分和民用型 DC-10 是通用的。与 DC-10 不同的是,KC-10 配备了军用航空电子设备和卫星通信设备,以及麦道公司生产的先进空中加油飞桁、锥套软管加油系统,并增加了一个加油系统操作员和自用的空中加油受油管。KC-10 的最大载油量达 161 吨,接近 KC-135 的两倍。该机在机舱中所装载的 53000 千克燃油和主燃油系统中的 108000 千克燃油是相通的。

基本参数	
机身长度:	55.35米
机身高度:	17.7米
翼展:	50.41米
乘员:	4人
空重:	108891千克
最大起飞重量:	267620千克
最大速度:	996千米/小时
最大航程:	18507千米
最大升限:	11490米

KC-10 空中加油机示意图

为 B-1B 轰炸机加油的 KC-10

为 F/A-18 战斗机加油的 KC-10

为 B-2 轰炸机加油的 KC-10

美国 E-3 "望楼" 预警机

E-3 是波音公司生产的全天候空中预警机，绰号"望楼"（Sentry）。E-3 是波音公司根据美国空军"空中警戒和控制系统"的计划而研制。E-3 于 1975 年 10 月首次试飞，1977 年开始服役。除美国外，英国、法国和沙特阿拉伯等国都有使用。

E-3 是直接在波音 707 商用机的机身上，加上旋转雷达模组及陆空加油模组。雷达直径 9.1 米，中央厚度为 1.8 米，用两根 4.2 米的支撑架撑在机体上方。AN/APY-1/2 水平旋转雷达可以监控地面到同温层之间的空间。E-3 使用 4 台普惠 TF33-PW-100/100A 发动机，单台推力为 9525 千克。

基本参数	
机身长度：46.61米	机身高度：12.6米
翼展：44.42米	乘员：4人
空重：73480千克	
最大起飞重量：156000千克	
最大速度：855千米/小时	
最大航程：7400千米	
最大升限：9000米	

E-3 预警机正面视角

E-3 预警机驾驶舱内景

正在爬升的 E-3 预警机

夕阳余晖下的 E-3 预警机

停放在地面的 E-3 预警机

美国 E-4 "守夜者"空中指挥机

E-4 是由波音 747-200 客机改装而成的空中指挥机，绰号"守夜者"（Nightwatch）。当核大战发生的时候，地面的美国政府机构和美军指挥部门可能会被核弹摧毁，因此需要一个能够避开地面核爆区，迅速转移到安全地带的空中指挥所，E-4 就是出于这种考虑而研制的。

E-4 于 1973 年开始改装，1974 年 12 月开始交付，共生产 A 型 3 架，B 型 1 架。E-4 共有 3 层甲板 6 个工作区，上层为驾驶舱、休息室、通信控制中心、技术控制中心，下层为通信设备舱与维护工作间。

机上有 13 套通信设备，其中包括卫星通信和超低频通信装置。机上共有 46 组通信天线，卫星通信天线装在背部的整流罩内，超低频通信天线可用绞盘收放，长 8 千米，能与在水下的潜艇通信。该机机组最多可乘人数达 114 人。

高空飞行的 E-4 空中指挥机

KC-135 加油机为 E-4 空中指挥机加油

停放在地面的 E-4 空中指挥机

从城市上空飞过的 E-4 空中指挥机

基本参数		
机身长度：70.51米	机身高度：19.33米	翼展：59.64米
乘员：114人（最多）	空重：190000千克	最大起飞重量：374850千克
最大速度：969千米/小时	最大航程：11000千米	最大升限：14000米

美国 U-2 "蛟龙夫人" 侦察机

U-2 "蛟龙夫人"（U-2 Dragon Lady）是洛克希德公司为美国空军研制的一种单座单发动机的高空侦察机，能不分昼夜的在 21000 米的高空执行全天候侦查任务。

U-2 侦察机于 1956 年正式服役，截至 2021 年仍活跃于前线。为了减轻重量，U-2 在制造上采用了很多滑翔机技术，机翼和垂直尾翼只以扭力螺栓（Tension Bolt）安装于机身，其机翼也没有像传统飞机一样穿过机身以增加强度，U-2 每侧机翼下都装有 1 个钛合金制造的滑橇，以便在着陆时保护机翼。

U-2 被公认为空军中最具挑战性的机种，对飞行员的技术要求特别高。U-2 修长的机翼令其具有跟滑翔机类似的飞行特性，对侧风十分敏感，并容易在跑道上漂浮，所以着陆非常困难。

基本参数	
机身长度：	19.1米
机身高度：	4.8米
翼展：	30.9米
乘员：	1名
空重：	6800千克
最大起飞重量：	18600千克
最大速度：	821千米/小时
最大航程：	5633千米
最大升限：	27430米

准备起飞的 U-2 侦察机

正在驾驶 U-2 侦察机的飞行员

U-2 侦察机及其飞行员

U-2 侦察机高空飞行

U-2 侦察机驾驶舱内景

美国 E-8"联合星"战场监视机

E-8 是诺斯洛普·格鲁曼公司研制的战场监视机,绰号"联合星"(Joint STARS)。

1982 年,美国空军的"移动目标显示"(MTT)计划和陆军的"远距离目标捕捉系统"(SOTAS)计划合并成"联合监视目标攻击雷达系统"计划,其成果就是 E-8。该机于 1991 年开始服役。

E-8 主要由载机、机载设备和地面站系统组成。载机是波音 707 客机。机载设备主要有雷达设备、天线、高速处理器以及各种相关软件等。地面站系统为移动式的,是一个可进行多种信息处理的中心。E-8 机身下装有一个 12 米长的雷达舱,利用舱内强劲的 AN/APY-3 多模式侧视相控阵 I 波段电子扫描合成孔径雷达,E-8 可以发现机身任意一侧 50000 平方千米地面上的各种目标。

基本参数	
机身长度:	46.61米
机身高度:	12.95米
翼展:	44.42米
乘员:	4人
空重:	77564千克
最大速度:	722千米/小时
最大航程:	9270千米
最大升限:	12802米
续航时间:	9小时

E-8 战场监视机高空飞行

正在爬升的 E-8 战场监视机

E-8 战场监视机内部工作人员

美国 SR-71 "黑鸟" 侦察机

SR-71 "黑鸟"（SR-71 Blackbird）侦察机是美国空军所使用的一款三倍音速长程战略侦察机，于1966年开始服役。也是美国第一代超音速隐形侦察机。

SR-71 由美国军事工业的传奇人物凯利·约翰逊（全名：克拉伦斯·伦纳德"凯利"约翰逊，英文：Clarence Leonard "Kelly" Johnson）所领导的臭鼬工厂（英文：Skunk Works，隶属于洛克希德·马丁公司）设计。SR-71 上使用了大量当时的先进技术，不仅采用了隐形技术，还能以3倍音速的速度躲避敌机与防空导弹的攻击。在实战记录上，没有任何一架 SR-71 被击落过。

SR-71 是一个以隐形外形和材料设计的作战飞机，最明显的 RCS（Radar Cross-Section，雷达散射面积）特征就是内侧的垂直安定面，它的大小让其雷达散射面积十分小，但在飞行过程中发动机的高温排气会让其具有独特的雷达信号。

基本参数	
机身长度：	32.74米
机身高度：	5.64米
翼展：	16.94米
乘员：	1人或2人
空重：	30600千克
最大起飞重量：	78000千克
最大速度：	3529.5千米/小时
最大航程：	5400千米
最大升限：	30500米

SR-71 侦察机高空飞行

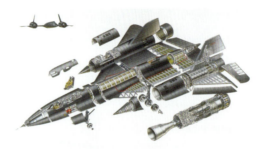
SR-71 侦察机结构图

SR-71 侦察机正面视角

SR-71 侦察机及其飞行员

SR-71 侦察机驾驶舱内部

苏联/乌克兰安-124"秃鹰"运输机

安-124是安东诺夫设计局研制的4发远程运输机,北约代号"秃鹰"(Condor)。

安-124于1982年底首次试飞,1986年初交付使用。1985年,安-124创下了载重171219千克物资,飞行高度10750米的记录,打破了由美国C-5运输机创造的载重高度原世界纪录。此外,安-124还拥有其他多项世界纪录。

安-124机腹贴近地面,机头机尾均设有全尺寸货舱门,方便装卸工作。其货舱分为上下两层。上层舱室较狭小,除6名机组人员和1名货物装卸员外,还可载88名乘客。下层主货舱容积为1013.76立方米,载重可达150吨。货舱顶部装有两个起重能力为10吨的吊车,地板上还另外有两部牵引力为3吨的绞盘车。安-124装有4台推力为229千牛的D-18T涡扇发动机。

停放在地面的安-124运输机

正在装载DSRV-1深潜救助艇的安-124运输机

安-124运输机驾驶舱内景

准备装载货物的安-124运输机

夜幕下的安-124运输机

基本参数	
机身长度:	68.96米
机身高度:	20.78米
翼展:	73.3米
乘员:	6人
空重:	175000千克
最大起飞重量:	402000千克
最大速度:	865千米/小时
最大航程:	14000千米

苏联/俄罗斯伊尔-78"大富翁"空中加油机

伊尔-78是伊留申设计局在伊尔-76运输机的基础上改良的空中加油机。

苏联早期的空中加油机由图-16和米-4轰炸机改装,性能有限。1982年,苏联在伊尔-76MD的基础上研制伊尔-78空中加油机。该机于1983年6月26日首次试飞,第二年开始服役。

伊尔-78在两翼和机尾处各装有一台UPAZ-1加油吊舱,每台吊舱的正常输油量约为1000升/分。该机货舱内保留了货物处理设备,因此只要拆除货舱油箱,即可担任一般运输或空投任务。该机型机尾处并无武装,炮手位置由加油控制员取代。伊尔-78主要用于给前线和远程战斗飞机及军用运输机进行空中加油,还可以向飞机场紧急运送燃油。由于采用了三点式空中加油系统,伊尔-78可以同时为3架飞机加油。

正在降落的伊尔-78

伊尔-78驾驶舱内景

高空飞行的伊尔-78

伊尔-78与苏-34战斗机编队飞行

基本参数		
机身长度:46.59米	机身高度:14.76米	翼展:50.5米
乘员:6人	空重:72000千克	最大起飞重量:210000千克
最大速度:850千米/小时	最大航程:7300千米	最大升限:12000米

苏联/俄罗斯伊尔-20"黑鸦"电子战飞机

伊尔-20 是以伊尔-18 民航客机为基础改进而来的电子战飞机,北约代号为"黑鸦"(Coot)。伊尔-20 于 1957 年 7 月 4 日首次试飞,1970 年开始装备部队,1978 年为西方发现,并将其代号指定为"黑鸦"(Coot)。

伊尔-20 的外形与伊尔-18 相同,但加装了大量天线罩与天线,其中有:在腹部装有长 10.25 米、高 1.15 米的雷达罩,内装侧视雷达天线;在前机身两侧各有一个长 4.4 米,厚 0.88 米的整流罩,内装各种传感器及照相机。该机的动力装置为 4 台 AI-20M 涡轮螺旋桨发动机,单台功率为 3169 千瓦。机上装备侧视雷达、照明设备、RP5N-3N 航空雷达、NAS-1 多普勒导航系统、电子侦察与干扰设备等。

伊尔-20 侧面视角

基本参数	
机身长度:35.9米	机身高度:10.17米
翼展:37.4米	乘员:9人
空重:35000千克	
最大起飞重量:64000千克	
最大速度:675千米/小时	
最大航程:6500千米	
最大升限:11800米	

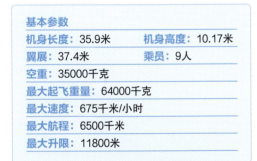

伊尔-20 高空飞行

正在爬升的伊尔-20

欧洲 A310 MRTT 空中加油机

A310 MRTT 是在欧洲空中客车公司的 A310-300 客机基础上发展而来的空中加油机。

2003 年 12 月，A310 系列的首个加油机机型在德国德累斯顿向媒体亮相。首批 A310 MRTT 于 2004 年 9 月交付给德国和加拿大空军。

A310 MRTT 的空中加油系统由机翼吊舱和控制设备组成。机翼两侧下方分别挂载有一个 Mk32B-907 加油吊舱，其内部装有一根 23 米长的加油软管和漏斗形接头，每分钟输送燃油 1500 升，可以同时为 2 架装有受油管的作战飞机加油，实施加油操作过程中没有飞行包线限制。A310 MRTT 在飞行 5550 千米航程期间，可以为作战飞机加注 33 吨燃油，或者在飞行 1850 千米航程，在指定空域巡航 2 个小时期间，可以为作战飞机加注 40 吨燃油。

A310 MRTT 空中加油机与"台风"战斗机编队飞行

A310 MRTT 在高空飞行

停放在地面的 A310 MRTT

正在爬升的 A310 MRTT

基本参数

机身长度：47.4米	机身高度：15.8米	翼展：43.9米
乘员：3~4人	空重：113999千克	最大起飞重量：164000千克
最大速度：978千米/小时	最大航程：8900千米	实用升限：125000米

欧洲 A330 MRTT 加油运输机

A330 MRTT 是空中客车公司在 A330-200 客机基础上改进而来的空中加油机。A330 MRTT 于 2007 年 6 月首次试飞，2011 年开始服役。该机采用了目前所能应用的各种现代技术，在总体性能、订单数量和交付时间等方面冲击着波音公司多年来在加油机市场的垄断地位。

由于飞机的尺寸大，A330 MRTT 机翼内油箱的最大载油量达到了 111 吨，比 KC-767A 加油机还多出 50% 以上，因此无需增加任何附加油箱，仅仅安装必要的管路系统和控制设备即可具备充足的空中加油能力。A330 MRTT 可以在飞行 4000 千米期间，为 6 架战斗机空中加油，并运送 43 吨货物，或者可以在飞行 1850 千米，预定空域巡航 2 小时期间，为作战飞机加注 68 吨燃油。

A330 MRTT 为两架 F/A-18 战斗机加油

A330 MRTT 在高空飞行

A330 MRTT 正面视角

基本参数					
机身长度：58.8米		机身高度：17.4米		翼展：60.3米	
乘员：3人		空重：125000千克		最大起飞重量：233000千克	
最大速度：880千米/小时		最大航程：14800千米		最大升限：13000米	

A330 MRTT 在跑道滑行

日本 E-767 预警机

E-767 是波音公司以 767-200ER 客机为载体研制的空中预警与管制机。

E-767 预警机于 1994 年 10 月首次试飞，当时未加装天线罩。加装天线罩后的原型机于 1996 年 8 月试飞，2000 年开始服役。除日本购买了 4 架外，E-767 暂时还没有其他买家。

E-767 所配备的雷达、航空电子系统和电子战系统都是 E-3"望楼"所用设备的改进型。它采用的 AN/APY-2 型机载预警雷达是 E-3 所用的 AN/APY-1 型雷达的第二代产品，因而 E-767 的战术技术性能明显比 E-3 优越。E-767 在作战飞行高度上能探测 320 千米外的目标，对高空目标的探测距离达 600 千米，可同时跟踪数百个空中目标，并能自动引导和指挥 30 批飞机进行拦截作战。

基本参数		
机身长度：48.5米	机身高度：15.8米	翼展：47.6米
乘员：2人	空重：85595千克	最大起飞重量：175000千克
巡航速度：851千米/小时	最大航程：10370千米	最大升限：12200米

停放在地面的 E-767 预警机

正在爬升的 E-767 预警机

高空飞行的 E-767 预警机

E-767 预警机侧后方视角

以色列"费尔康"预警机

"费尔康"(Phalcon)是以色列航空工业有限公司研制的世界上第一种相控阵雷达预警机。

"费尔康"预警机于1993年首次试飞。"费尔康"只是电子系统的名称,与载机的类型无关,只要安装了"费尔康"系统,均可称之为"费尔康"预警机。

"费尔康"预警机采用了先进的电扫描技术,具有重量轻、造价低、可靠性高的特点。该机的主要探测设备为EL/M-2075主动相控阵雷达,工作频率为40~60吉赫(频率单位),介于S波段与VHF波段之间,对战斗机、攻击机的探测距离为370千米,对5平方米目标机的探测距离为360千米,对直升机的探测距离为180千米。此外,EL/M-2075还具备发现隐形飞机和巡航导弹的能力。"费尔康"可同时跟踪至少五六十个目标,并引导数百架飞机进行空战,具有很强的持续跟踪能力和跟踪精度。

基本参数		
机身长度:48.41米	机身高度:12.93米	翼展:44.42米
乘员:17人	空重:80000千克	最大速度:880千米/小时
最大航程:8500千米		

高空飞行的"费尔康"预警机

"费尔康"预警机机鼻特写

停放在地面的"费尔康"预警机

"费尔康"预警机正面视角

参考文献

[1] 军情视点. 全球战机图鉴大全[M]. 北京：化学工业出版社，2016.

[2] 军情视点. 战空屠夫：全球战斗机100[M]. 北京：化学工业出版社，2014.

[3] 军情视点. 低空杀手：全球武装直升机50[M]. 北京：化学工业出版社，2014.

[4] 军情视点. 傲气雄鹰——战机[M]. 北京：化学工业出版社，2014.

[5] 西风. 经典战斗机[M]. 北京：中国市场出版社，2014.

[6] 克里斯·查恩特. 轰炸机[M]. 白平华，译. 北京：国际文化出版公司，2003.

[7] 青木谦知. 世界战机50强[M]. 沈鸿泽，王琳，译. 长春：吉林出版集团有限责任公司，2012.

[8] 李大光. 世界著名战机[M]. 西安：陕西人民出版社，2011.

[9] 《深度军事》编委会. 现代战机大百科[M]. 北京：清华大学出版社，2015.

[10] 军情视点. 长空三集：全球空军武器精选100[M]. 北京：化学工业出版社，2020.

[11] 军情视点. 世界王牌武器入门之作战飞机[M]. 北京：化学工业出版社，2008.